博碩文化

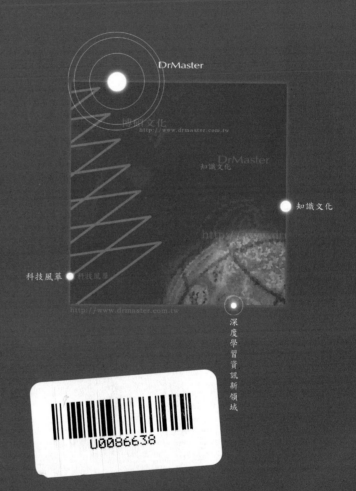

DrMaster

博碩文化
http://www.drmaster.com.tw

DrMaster
知識文化

知識文化

科技風革　科技風華

http://www.drmaster.com.tw

深度學習資訊新領域

● DrMaster

深度學習資訊新領域

 http://www.drmaster.com.tw

雲端網站
Cloud Computing and
Application Programming I
應用實作

基礎入門與私用雲端設計

雲端網站應用實作－基礎入門與私用雲端設計

作　　者：賈蓉生、許世豪、林金池、賈敏原

發 行 人：簡女娜

出　　版：博碩文化股份有限公司

　　　　　台北縣汐止市新台五路一段 112 號 10 樓 A 棟

　　　　　TEL ／ 02-2696-2869・FAX ／ 02-2696-2867

郵撥帳號：17484299

律師顧問：劉陽明

出版日期：西元 2011 年 12 月初版一刷

ISBN - 13：978-986-201-533-9（平裝附光碟片）

博碩書號：PG30064

建議售價：NT$ 520 元

雲端網站應用實作－基礎入門與私用雲端設計　／
賈蓉生等作. - - 初版. - - 新北市：博碩文化,
2011.12
　　面；　公分

ISBN　978-986-201-533-9（平裝附光碟片）

1.雲端運算　2.電腦程式

312.7　　　　　　　　　　　　　　　　100020146

Printed in Taiwan

本書如有破損或裝訂錯誤，請寄回本公司更換

序

隨著科技進步，我們的社會也隨著要求更多，研發者要求生產更多有用產品，使用者要求更方便、更迅速、更有效、更便宜，雲端運算也因此應運而生，原儲存在本地電腦(Local Machine) 的資料(Information)，交由雲端網站(Cloud Site) 儲存；原由本地電腦的運算，交由雲端網站運算。使用者(Users)不再煩惱本地軟硬體設備，只要一台輕薄便宜電腦，藉網路連通雲端網站，將資料送往網站儲存，從網站讀取運算結果。

衛生署為了便捷國民醫護照顧，將醫護資料推向雲端，各醫療院所將不再費資添購電腦設備，即可獲取便捷完整的醫療病歷資料。依筆者觀察，此舉將引發政府其他機關，甚至民間廠商、公司、商舖，亦將效尤。

雲端運算亦可謂 "網路電腦(Internet Based Computing)"，充分利用網際網路的連通功能，連接多個有用網站，建立雲端網站(Cloud Site)，提供使用者儲存資料、與問題運算；雲端運算之基本特性是 "運算在雲端(Computing is in the Cloud)"，亦即需滿足：

(1) **擁有多個大規模資料中心(Information Centers) 與大量處理器(Processers)**：
聯合多個有用網站，使用多個大規模資料中心、與大量處理器，滿足任意資料儲存、與問題運算。

(2) **無憂服務(Non-Worry Service)**：使用者無需煩惱硬體設備、無需煩惱系統安裝、無需煩惱應用程式，雲端網站考量所有可能的煩惱，設計執行網頁(Web Page)，使用者只要開啟網頁，即可儲存資料、運算資料、傳遞資料。

限於資源，本書無法滿足條件項(1)；但可嘗試滿足條件項(2)，於雲端處理軟硬體問題，設計執行網頁，使用者只要開啟雲端網頁，即可執行資料合作儲存、與合作運算。

本系列書有兩冊：(1) "雲端網站應用實作－基礎入門與私用雲端設計(Cloud Computing and Application Programming I)"、與(2) "雲端網站應用實作－網站訊息與公用雲端設計(Cloud Computing and Application Programming II)"，內容豐富，範例導引，具高度實用性。

本書是以學校課程教學需求，配合一學期 18 周，每周 3 小時教學時數，精要編撰 3 篇共 14 章：

(1) **雲端運算之意義與 Java 工具(Cloud Computing and Java Instruments)**：解說雲端網站之概念，範例引導安裝 Java 網站系統工具。雅虎(Yahoo!) 雲端平台作業系統 Hadoop 亦是以 java 寫成(與本書相同)。

(2) **雲端網站概念程式(Basic Concept Programming)**：因應雲端網站設計需要，範例實作解說雲端互動資料輸入、雲端檔案處理、雲端資料庫處理、使用者認證與網頁安全、時間操作。

(3) **私用雲端網站應用(Private Cloud)**：選出代表性行業，配合各領域營運需求，範例實作販售店雲端網站、餐飲店雲端網站、診所雲端網站、小說漫畫影片租借雲端網站、補習班雲端網站。

本書以雲端運算初學者入門觀點編著，輕鬆入門，輕鬆切入。每一學習重點都搭配實作範例，編輯實作範例 83 則，導引解說雲端網站建置、網路程式設計、與使用者操作。詳細介紹私用雲端應用，選出代表性行業，配合不同型態營運需求，列出操作流程，設計實用網站網頁。

本書編著期間，感謝學校同仁給予鼓勵及指正，尤其許世豪老師參與合編；感謝林金池博士、賈敏原博士協助本書範例編撰；感謝妻馬元春協助打字、編校等工作。

賈蓉生 chiafirst@gmail.com
http://tw.myblog.yahoo.com/chia_bookstore

目錄 Contents

第一篇　雲端意義與 Java 工具
(Cloud Computing and Java Instruments)

第 1 章　認識雲端運算與本書

第 2 章 Java 系統工具

第 3 章 Java 網站網頁系統工具

第 4 章 網頁框架設計(Frame Design)

第二篇　雲端網站概念程式 (Basic Concept Programming)

第 5 章　雲端互動資料輸入(Cloud Interacting Connections)

第 6 章　雲端檔案處理(Cloud File Processes)

第 7 章　雲端資料庫處理(Cloud Database Processes)

第 8 章　使用者認證與網頁安全(Authority and Security)

第 9 章　時間操作(Time Operations)

第三篇　私用雲端網站應用
(Private Cloud)

第 13 章　小說漫畫影片租借雲端網站(Rent Cloud)

第 14 章　補習班雲端網站(Supplementary School Cloud)

第一篇

雲端意義與Java工具
Cloud Computing and Java Instruments

　　雲端運算(Cloud Computing) 之意義，是將原儲存在本地電腦(Local Machine) 的資料(Information)，交由雲端網站(Cloud Site) 儲存；原由本地電腦之運算，交由雲端網站運算。目前電腦領域，有許多應用系統，都具有輔助完成雲端運算之功能，Java 是其中最有執行能力的工具之一，Java 有物件導向特性，有網路傳遞資料功能，與 Html 合併、更有強大互動網頁執行能力，將用為本書之設計語言。

第一章 認識雲端運算與本書

　　雲端運算(Cloud Computing) 之意義，是將原儲存在本地電腦(Local Machine) 的資料(Information)，交由雲端網站(Cloud Site) 儲存；原由本地電腦之運算，交由雲端網站運算。使用者(Users) 無需煩惱硬體設備、系統安裝、應用程式，只需開啟雲端網頁，即可執行各類資料儲存與運算。

第二章 Java 系統工具

目前電腦領域，有許多應用系統，都具有輔助完成雲端運算之功能，筆者認為，Java 是其中最有執行能力的工具之一，Java 有物件導向特性，有網路傳遞資料功能，當 Java 與 Html 合併編輯時，更有執行強大互動網頁之能力。

第三章 Java 網頁系統工具

Tomcat 是專為 Java 互動網頁設計的網站系統，在開發 Servlet 之初，昇陽 (Sun) 開發 Servlet/jsdk 系列網站系統軟體，發展互動功能。亦即、若單獨使用 Servlet 系統，安裝專為其設置之 jsdk 網站系統軟體即可。自 Java 互動網頁(Java Serve Page) 開發完成後，為了合併 Servlet 與 JSP 使用相同的網站系統軟體，業界多選擇使用 Tomcat 系列系統軟體，本書採用 Tomcat7.0 最新版。

第四章 網頁框架設計(Frame Design)

雲端網站是一種多功能多層次的網站，其所開發的應用網頁，也應有對應之架構。為了適應設計層次分明之雲端網頁，本章先複習一些網頁框架基礎設計。在一個 Html/Java 互動網頁上，可分割出多個相互關連之次網頁，使網頁多元生動，倍增層次應用功能，設計內容包括：(1)網頁框架分隔、(2)框架執行關連。

第 1 章

認識雲端運算與本書

1-1 簡介

　　雲端運算(Cloud Computing) 之意義，是將原儲存在本地電腦(Local Machine) 的資料(Information)，交由雲端網站(Cloud Site) 儲存；原由本地電腦之運算，交由雲端網站運算。使用者客戶(Users) 無需煩惱硬體設備、系統安裝、應用程式，只需開啓雲端網頁，即可執行各類資料儲存與運算。

　　雲端運算(Cloud Computing) 之基本特性(Fundamental Characteristics) 是 "運算在雲端(Computing is in the Cloud)"，即聯合多個有用網站，建置大規模資料中心，滿足任意資料儲存、與問題運算；同時讓使用者無需煩惱自身軟硬體設施，雲端網站考量所有可能的煩惱，設計執行網頁(Web Page)，使用者只要開啓網頁，送出資料(Information)，完成運算(Computing)。

1-2 雲端運算意義(The Idea of Cloud Computing)

　　看看桌前電腦(Computer)，望向窗外天空白雲(Cloud)，真的可以將電腦拋向那朵天際白雲嗎？如前述，雲端運算(Cloud Computing) 之意義，是將原應儲存在本地電腦(Local Machine) 的資料(Information)，推向雲端網站(Cloud Site) 儲存；原應由本地電腦運算解決的問題(Problem)，交由雲端網站運算解決。

　　回顧電腦科技發展過程，最早期為大型單機電腦(Main Frame)，軟硬體(Hardware and Software) 昂貴，速率(Speed) 緩慢，資料儲存有限且量小；為了擴大使用，以極為簡陋之地區網路(Local Net)，發展終端機(Terminal)，連接主機執行電腦功能；為了讓使用者獨立操作，發展個人電腦(Personal Computer)，有自己的儲存記憶體(Memory)、與運算 CPU；隨著網際網路的出現，發展伺服客戶(Server-Client) 運算架構，使電腦操作分工又精良；2006年，Google執行長艾力克施密特(Eric Schmidt) 提出 "雲端運算(Cloud Computing)" 概念，奠定電腦發展又邁向另一個新紀元。

　　雲端運算亦可謂 "網路電腦(Internet Based Computing)"，充分利用網際網路的功能，連接多個有用網站，組成雲端網站(Cloud Site)，提供使用者儲存資料、與問題運算；使用者(Users) 不再煩惱本地儲存設備、與運算應用程式，不必擔心電腦專業相關知識，藉網際網路連通雲端網站，即可以網頁將資料送往雲端儲存、可由雲端之應用程式解決問題。

1-3 雲端運算發展簡史(The History of Cloud Computing)

早在 1983 年，昇陽電腦(Sun Microsystems) 提出 "網路即電腦(The Network is the Computer)" 的構想，開啟思考與發展的方向。

2006 年，亞馬遜(Amazon) 推出 "彈性雲端服務(Elastic Compute Cloud Service)"，以伺服客戶(Server-Client)、與分散式(Distributed System) 架構技術，提供有限度侷限功能之網路服務。

2006 年，Google執行長艾力克施密特(Eric Schmidt) 提出 "雲端運算(Cloud Computing)" 概念，奠定電腦發展進入另一個新紀元。

2007 年，Google、IBM、與美國名校合作，開始在校園開發 "雲端服務(Cloud Service)" 軟硬體技術，提供學校教授、學生藉網際網路開發大規模之研究計劃。2008 年，台灣知名大學亦開始關注，並引進此項概念與技術(Technology)。

2008 年，雅虎(Yahoo!)、惠普(HP)、英特爾(Intel)、與美國、德國、新加坡，大規模聯合進行雲端研發，建立 6 個資料中心(Information Center) 研究平台，平均每個資料中心配置 2500 個處理器，積極開發雲端服務技術。

2008 年，戴爾電腦(Dell Computer) 正式向美國專利商標局(USPTO United States Patent and Trademark Office) 以 "雲端運算(Cloud Computing)" 申請專利商標。同時間，大型名廠如Fujitsu、Red Hat、Hewlett Packard、IBM、VMware、與NetApp，均參與研發競爭。

2010 年，美國太空總署(NASA National Aeronautics and Space Administration) 聯合 Rackspace、AMD、Intel、Dell、Microsoft 等大型電腦專業廠商，開發雲端運算技術。

1-4 雲端運算前輩(Older Generations)

雲端運算是當今最新電腦服務技術，一個新技術的形成並非偶然，是經過多少艱困階段累積而成，我們可以說 "凡是應用網路之電腦技術，都是雲端運算的前輩"，但也要認知，這些前輩並非雲端運算，我們熟悉的有：

(1) **自動調整運算(Autonomic Computing)**：IBM 於 2001 年開發，用於自動控制不穩定的執行複雜度(Complexity)，尤其是在分散式網路系統(Distributed System)，因是將工作交由不同地區伺服器，工作困難度不一，使伺服器承擔起伏過大的複雜度，影響有效功能。

(2) **伺服客戶模型(Server-Client Model)**：亦稱主從模型，是一種分散式網路應用架構(Distributed Application Structure)，將服務供應功能置於伺服端(Server)，將操作要求置於客戶端(Client)，具有各自不同硬體設備之伺服端與客戶端，藉網路相互通訊傳遞訊息，完成操作執行，但兩者仍歸屬同一系統。

(3) **網格運算(Grid Computing)**：聯合多個電腦組成工作體系，共同完成特定工作，類似分散式網路架構(Distributed System)，不同者是處理非常大量的檔案，且不作重疊操作(non-interactive workloads)。

(4) **大型電腦(Mainframe Computer)**：功能強大且組織多樣的大型電腦，使用者使用終端機，藉網路連通大型電腦，執行多人多工操作。

(5) **生活電腦應用系統(Utility Computing)**：開發於 2002 年，是一種套裝應用系統，用於家庭生活資料儲存(如水電、瓦斯等費用之計算，電話號碼、行事計劃等之提示)、或以電腦、手機遙控家用設備(如防盜通知、開啟電鍋等)。

(6) **點對點系統(P2P Peer-to-Peer)**：是一種分散式網路架構(Distributed Application Architecture)，工作運作於網路兩點之間，各點分擔相同之義務與權利(Equal Privilege)，不同主從模型，沒有協調者(Coordinator)，沒有支配者(Host)。

1-5 雲端運算特性(Characteristics)

前節所列之各項技術，都可謂是雲端運算的前輩(Older Generation)，是電腦技術的里程碑(Landmark)，因爲曾經有這些技術(Technologies)，循其經驗研發的累積，才有今日雲端運算之發展，但都因無法滿足下列兩項基本條件，不能歸屬爲 "雲端運算(Cloud Computing)"。

雲端運算(Cloud Computing) 之基本特性(Fundamental Characteristics)是 "運算在雲端(Computing is in the Cloud)"，亦即需滿足：

(1) **多個大規模資料中心(Information Centers) 與大量處理器(Processers)**：聯合多個有用網站，擁有多個大規模資料中心、與大量處理器，能滿足任意資料儲存、與問題運算。

(2) **無憂服務(Non-Worry Service)**：使用者無需煩惱硬體設備、無需煩惱系統安裝、無需煩惱應用程式，雲端網站考量所有可能的煩惱，設計執行網頁(Web Page)，使用者只要開啟網頁，即可儲存資料、運算資料、傳遞資料。

本書爲 "雲端網路程式應用(Cloud Computing and Network Application Programming)"，限於硬體資源，無法滿足條件項(1)；但可嘗試滿足條件項(2)，於雲端處理軟硬體問題，設計執行網頁，使用者只要開啓雲端網頁，即可執行資料合作儲存、與合作運算。

1-6 雲端運算服務模型(Deploy Models)

如果要建立一個包羅萬象的雲端網站，在投資報酬上，對某些功能使用環境，可能是一種浪費，爲了適量適用，我們可將雲端網站分類爲：

(1) **公用雲端(Public Cloud)**：提供一般大眾之一般生活電腦運算功能(Utility Computing Basis)，使用者以網路連通雲端網站，開啟網站網頁，與網站互動執行一般家庭生活電腦功能。

(2) **社群雲端(Community Cloud)**：聯合有相同需求的多個群體，組成雲端網站，提供特定功能運算，此類雲端網站功能範圍較小，使用者較少，但功能性強，安全性高。

(3) **私用雲端(Private Cloud)**：特別用於機關行號，為了便利業務推行，不受干擾，多點連鎖經營，建立此類雲端，提供單純有效運算功能，強烈限制使用者身份。

(4) **混合雲端(Hybrid Cloud)**：亦稱 "聯合雲端(Combined Cloud)，聯合上述公用雲端、社群雲端、私用雲端，組成多用途之龐大規模雲端。

1-7 雲端運算優缺點(Criticism)

自從雲端運算概念被提出，學校(Universities)、廠商(Vendors)、政府(Governments) 等競相研究發展，因其有優點：

(1) **在研發維護上(Development and Maintenance)**，因有龐大資源(Resource)後盾，可迅速建立並部署(Create and Deploy) 解決問題的方法(Solution)，減低問題障礙(Defect)，節省新方法之研發與維護費用(Cost)。

(2) **在功能應用上(Application)**，因是聯合多個有用網站，有多元功能(Multi-Function) 背景，容易滿足使用者需求，提供頗具競爭力的應用功能，提高使用者之應用能力與廠商功能聲譽。

(3) **在輕薄短小發展上(Light and Handy)**，因資料儲存與功能運算在雲端，使用者無需具備大容量記憶體(Memory)、與強大運算功能硬體(Hardware)，有利短小輕薄發展(如平板電腦、手機等)。

(4) **在系統更新上(System Renew)**，因功能軟硬體都在雲端網站，凡有新開發系統軟體，只要在網站更新，立即付諸使用，使用者不必再煩惱更新與安裝問題。

(5) 在使用者交換訊息上(Communication)，發掘問題(Dig Problem)，解決問題(Deploy Solution)，因有雲端為集散地，使用者彼此方便溝通(Available Communication)，方便相互交換意見(Exchanging Ideas)，進而可合作(Cooperation) 解決問題，發揮群體智慧與能力。

(6) 在使用方便上(Availability)，雲端運算是一種無憂服務(Non-Worry Service)，使用者隨時隨地，只要身處有網際網路的地區，開啟網頁，即可操作。

　　由上述各項可認知，雲端運算有其具體之優勢，足以令電腦科技進入一個新紀元，但其中也隱藏著**缺點、與困擾**。

(1) 雲端網站與使用者間，必須依賴網路連通，因此，沒有網路的地區，使用者無法分享任何雲端功能；如果網路速率緩慢，亦將影響功能效率，無法處理困難問題，此為其缺點。

(2) 籌建雲端網站，除了龐大費用之外，更要有人才與設備，爾後之維護更是費財費力。因此，經營一個雲端網站有其非常沈重的負擔，此為其缺點。

(3) 雲端運算是電腦技術新紀元，而我們現在使用的電腦系統與方式，也是經過長久時日，一點一滴建設而成，如果立即放棄直奔雲端，將浪費以往投資；如果裹足不前，又將跟不上新科技，此為其困擾。

(4) 對使用者而言，參與雲端運算，使操作簡便有效，但亦可能是一個商業陷阱，一旦進入雲端，有了依賴，拋棄自有的能力與設備，如果雲端加重付費，此時已無力自拔，只得任由需索，此為其困擾。

1-8 雲端應用現況(Applications nowadays of Cloud Computing)

　　在網路科技上，雲端運算可謂當今最熱門之項目，吸引著有企圖的公司廠商奮力研發。如前述，一個雲端系統平台需聯合多個有用網站，擁有多個大規模資料中心、與大量處理器，耗資耗財，非有真正實力者難望其項背。雲端運算的產業可分為三個類層：雲端軟體、雲端平台、雲端設備。

(1) **雲端軟體 Software as a Service(SaaS)**：打破以往大廠壟斷設計的局面，有意者都可以自行研發設計，揮灑創意，提出各式各樣的軟體服務。

(2) **雲端平台 Platform as a Service(PaaS)**：研發作業系統平台，提供軟體開發者設計雲端軟體，經由網路服務一般消費者大眾，因是作業系統平台，非具有充沛人力物力的大廠無法負擔，目前參與者有：谷歌(Google)、雅虎(Yahoo!)、微軟(Microsoft)、蘋果(Apple)。

(3) **雲端設備 Infrastructure as a Service(IaaS)**：將基礎設備(如 IT 系統、資料庫等）有系統地整合，使其分工合作，對資料提供最大儲存空間，對運算提供最迅速執行時間，目前參與者：IBM、戴爾(Dell)、昇陽(Sun)、惠普(HP)、亞馬遜(Amazon)。

上述三項中，雲端平台 Platform as a Service(PaaS) 是雲端運算之靈魂產業(Soul Industry)，本節將分段詳述。

1-8-1 谷歌雲端平台(Google Cloud Platform)

谷歌(Google) 開發 Gmail、Google Docs、Google Talk、iGoogle、Google Calendar 等線上應用，建立基礎雲端運算平台，一般大眾使用者以瀏覽器連通指定的網站平台，就能編輯文件，然後線上存檔，在公司沒寫完的文稿，下班回家還可以連上網路繼續寫，Google Spreadsheet 圖形化的線上試算表，定義公式後填入數值，交由 Google 雲端網站運算，這些工作與我們使用的電腦性能無關，只有網路連接速度是問題。

為了讓雲端網站平行處理大量使用者和大量資訊，Google 雲端假設每個系統隨時都可能發生故障，使用軟體層創造容錯，並且將機器設備標準化，隨著資料量增加，只需要不斷擴充機器，不需要修改原來的應用程式。如是軟體層包括 3 項技術：Google 文件系統(GFS)、分散式資料庫 Google BigTable、以及對映簡化 MapReduce。已成功開發且受使用者歡迎的雲端網站有：

(1) **郵件雲端(Gmail)**：每個帳號提供高容量存儲空間 25GB，有效管制垃圾信，提供正常運行保證與安全性。

(2) **日曆雲端(Google Calendar)**：一個基於 Web 的日曆應用程序，提高個人或群組使用者工作效率，協助降低工作成本，增進分工合作功能。 議程管理，日程安排，共享線上日曆和日曆同步移動。

(3) **文書雲端(Google Docs)**：提供隨時隨地進行文書處理，試算執行、簡報處理等之執行環境，支援每案 1G 的不限檔案種類上載(虛擬硬碟)與即時分享。經由網頁，提供使用者多人多工同一時間編輯文件。

(4) **通訊雲端(Google Talk)**：群組有效互動與溝通，提供團體郵件通訊，方便內容分享，迅速搜尋檔案。共享日曆，文件、網站和視訊。

(5) **社群雲端(Google Group)**：聯集式垂直與水平整合內聯網， 建立安全有效社群團隊專案。

(6) **安全管理(Security)**：提供視訊、私用文件等最佳安全方案。

1-8-2 雅虎雲端平台(Yahoo! Cloud Platform)

雅虎(Yahoo!) 網站每月有超過 5 億瀏覽人次、儲存千萬筆資料、與查詢資料，面對如此龐大瀏覽人數與資料量，Yahoo! 必須善用落在全球各地的資料中心，期能快速萃取出使用者要求之有用資料，並且要避免因故障而遭受的龐大損失。

此外，Yahoo! 也希望以雲端運算技術來強化使用功能，目前在 Yahoo! 網頁上，就運用了許多雲端運算技術，包括網頁內容優化，增強網頁、影片、與圖片的搜尋速度。

基於上述目標，Yahoo! 成功研發雲端基礎設施 4 大技術：(1)建立結構化與非結構化資料之雲端儲存處理(Operational Structure & non-Structure Storage)；(2)建立大規模分散式資料運算與儲存(Distributed Batch Processing & Storage)；(3)提供雲端資料快取與代理功能；(4)提供先進迅速資料處理服務(Edge Content Services)；最終目標是完成 Online Serving，讓開發者能夠線上完成開發環境的建立，加速產品與服務開發的時程。

與 Apache 軟體基金會(Apache Software Foundation) 合作開發雲端平台作業系統 Hadoop，Hadoop 是以 java 寫成(與本書相同)，用以提供大量資料之分散式運算環境，Hadoop 的架構是依 Google 發表的 BigTable 及 Google File System 等文章提出的概念實作而成，與 Google 內部使用的雲端運算架構相似。

目前 Yahoo! 及 Cloudera 等公司都有開發人員投入 Hadoop 開發團隊，有多個大型企業、公司、與組織公開表示使用 Hadoop 做為雲端運算平台，Google 及 IBM 也使用 Hadoop 平台為教育合作環境。Hadoop 包括許多子計劃，其中 Hadoop MapReduce 如同 Google MapReduce，提供分散式運算環境；Hadoop Distributed File System 如同 Google File System，提供大量儲存空間；HBase 是一個類似 BigTable 的分散式資料庫。

1-8-3 微軟雲端平台(Microsoft Cloud Platform)

在雲端運算平台上，微軟(Microsoft) 已開發最為完整的應用方案，包括：(1) 網際網路資料中心之雲端運算服務應用程式(Windows Azure, SQL Azure)；(2)企業線上雲端服務應用程式(Microsoft Online Services)；(3)企業私有雲服務程式(Windows Server, System Center)，提供使用者客戶自由選擇符合本身需求的解決方案、或是混合使用不同的解決方案。

為了不讓 Google、Yahoo! 等現有的雲端平台專美於前，微軟也於日前發佈了自行開發的雲端運算平台Azure Services Platform，使用作業系統 Windows Azure。

Azure Services Platform 分為兩層，底下的 Windows Azure 是整個 Azure Services Platform 的作業系統，上層則是包括 Live Services、.NET Services、SQL Services、SharePoint Services、Dynamics CRM Services 在內的 Azure 基礎服務。

Windows Azure 開發於 2006 年，當時的代號是 "Red Dog"，管理一組由 Windows Server 2008 伺服器組成的微軟雲端平台，最上層是由 4 個重要系統元件所組成，包括：檔案儲存系統(File Storage)、組織管理系統(Fabric

Controller)、虛擬機器(Hypothesized Machine)、開發環境(Developing Envelopment)。

目前微軟已規劃,將 Windows Live、Office Live、Exchange Online、Share Point Online、Dynamics CRM Online 等線上服務,移植到 Windows Azure,開發人員亦可另創 Azure 應用程式。

目前開發人員可以利用 .NET Framework 和 Visual Studio 來開發 Windows Azure 的應用程式,包括 Web 應用程式、行動應用程式,後續也會擴展到微軟以外的開發工具及程式語言,例如 python 或 php。Azure 相容 SOAP、REST、XML 等企業界標準協定,不僅可使用 Windows Azure 應用程式,也可使用一般客戶端或伺服端的應用程式。

1-8-4 蘋果雲端平台(Apple Cloud Platform)

於前述各類雲端平台,雲端運算(Cloud Computing) 之意義,是將原儲存在本地電腦(Local Machine) 的資料(Information),交由雲端網站(Cloud Site)儲存;原由本地電腦之運算,交由雲端網站運算。使用者客戶(Users) 無需煩惱硬體設備、系統安裝、應用程式,只需開啟雲端網頁,即可執行各類資料儲存與運算。

蘋果雲端平台(Apple Cloud Platform) 與前述三種平台略為不同,雲端用為儲存,當使用者客戶使用時,需先下載至本地使用者裝置(PC、手機),再開啟使用,部分使用者抱怨,此與下載有何不同?事實上,蘋果另有其想法。

蘋果的方式並不是將雲端當作解決所有事務的平台,而是將雲端視為中樞監控站(Grand Central Station),監控使用者之操作執行。蘋果為何以此方式處理雲端服務,原因為:(1)蘋果不信任目前網路資料傳遞之品質,尤其手機電訊商提供的串流播放品質;(2)蘋果不與其他系統參與分享其成果,盡量限定消費者,只以蘋果的裝置來使用這項服務;(3)蘋果要降低重播功能負載,讓使用者可經由雲端播放,也可視需要以本地裝置下載,隨時重播。

蘋果雲端平台作業系統 iCloud，以雲端組織資料的流動，而非控制資料傳遞，將應用程式、音樂、媒體、文件、訊息、相片、備份、設定等集中儲存於雲端。iCloud 支援所有的 iOS 設備，當蘋果用戶以此系統裝置(手機、PC)上傳檔案時，iCloud 會自動將用戶購買的音樂、應用程式、文件檔案、照片和系統設備進行雲端備份，再同步傳送到用戶的其他指定蘋果設備(如蘋果的iPad、iPhone、iPod Touch 音樂播放器等設備)。

1-9 本書簡介(A Brief for this Book)

本系列書有兩冊：(1) "雲端網站應用實作－基礎入門與私用雲端設計(Cloud Computing and Application Programming I)"、與(2) "雲端網站應用實作－網站訊息與公用雲端設計(Cloud Computing and Application Programming II)"，內容豐富，範例導引，具高度實用性。

如前述，雲端運算(Cloud Computing) 之意義，是將原儲存在本地電腦(Local Machine) 的資料(Information)，交由雲端網站(Cloud Site) 儲存；原由本地電腦之運算，交由雲端網站運算。

因此，一個雲端網站需有能力滿足：(1)建置多個大規模資料中心(Information Centers) 與大量處理器(Processors)，執行任意資料儲存、與問題運算；(2)設計執行網頁(Web Page)，使用者無需煩惱硬體設備、無需煩惱系統安裝、無需煩惱應用程式，雲端網站考量所有可能的煩惱，使用者只要開啟網頁，即可執行需要的功能。

本系列書限於硬體資源，無法滿足條件項(1)，但可充分滿足條件項(2)，於雲端處理軟硬體問題，設計執行網頁，使用者只要開啟雲端網頁，即可執行資料合作儲存、與合作運算。

本書 "雲端網站應用實作－基礎入門與私用雲端設計(Cloud Computing for Application Programming I)"，內容包括：

1、本書網站系統工具(System Instruments)：

(1) **Java 系統工具 jdk-6.0**：Java 有物件導向特性，有網路傳遞資料功能，當 Java 與 Html 合併編輯成 JSP 時，更有執行強大互動網頁之能力。雅虎(Yahoo!) 雲端平台作業系統 Hadoop 亦是以 java 寫成(與本書相同)。

(2) **Java 網站網頁系統工具 Tomcat**：Tomcat 是專為 Java 互動網頁設計的網站執行系統。

(3) **網站資料庫 Access**：本書選擇微軟 Office Access 為網站資料庫，因其方便又功能不輸其他者，凡有 Office 的電腦，開機即可使用，無需另添購軟體。

2、雲端網站概念程式(Basic Concept Programming)：

(1) **互動資料輸入**：原儲存在本地電腦的資料，交由雲端網站儲存，輸入方式可以為：表單輸入(Text)、文字方塊輸入(TextArea)、選擇鈕輸入(Radio)、核取方塊輸入(CheckBox)、下拉式清單輸入(Select)、清單方塊輸入(SelectSize)、或複選清單方塊輸入(SelectSize Multiple)。

(2) **雲端檔案處理**：使用者在任意使用端，對雲端網站 (a)建立目錄與檔案、(b)檔案資料輸入與讀取、(c)刪除檔案與目錄、(d)展示目錄所屬檔案、(e)檔案複製/移置/傳遞。

(3) **雲端資料庫處理**：執行資料迅速搜尋、分析、研判、分類，包括：(a)建立資料表、(b)輸入資料、(c)讀取資料、(d)增加資料、(e)更新資料、(f)搜尋資料、(g)刪除資料、(h)合作聯結資料表、(i)檢視表。

(4) **使用者認證與網頁安全**：一個開放且公開的環境，有心人可輕易地侵入、攔截、破壞，因此，安全維護更顯得重要。應考量：(a)嚴格審核使用者註冊、(b)使用者登入認證、(c)更新帳號密碼、(d) 網頁接續認證。

(5) **時間操作**：在應用上，為了對事件發生前後次序作精準判斷、或對事件相對發生時間作精準要求，JSP 之時間包裹源自類別 java.util.Date，以年、月、日、時、分、秒組成之 Date 物件，以 millisecond 為計時單位。

3、私用雲端網站應用(Private Cloud)：

(1) **販售店雲端網站**：販售店是指直接面對客人，出貨收款，其型態包括：雜貨店、便利商店、超市、賣場等。因設置雲端網站系統，店內無需置辦任何複雜軟硬體電腦裝置，只需一台簡單電腦，以網路連通網站，即可交由網站儲存資料、運算資料，完成交易。

經營流程包括：收銀櫃台操作、營業額統計、補貨操作。

(2) **餐飲店雲端網站**：放眼大街小巷，總是餐飲小吃林立，如果能將營業流程電腦化，不僅可增加效率，還可流露出高級的氣勢，在客人眼裡多少也是加分。目前平板電腦盛行，如果於每一餐桌放置一台平板電腦，供客人點餐，系統連接雲端網站，連通廚房、收銀櫃，一個簡易餐飲店電腦系統即可設計完成。

經營流程包括：點餐服務、廚房料理、櫃台收銀、餐桌清理、營業額統計。

(3) **診所雲端網站**：由於健保制度完善，民眾看病方便且無費用負擔，為了提高診所品質、加強工作效率、節省人事開支，執業流程雲端系統電腦化，自然亦是基本配備之一。一個最簡單的診所，最少應由掛號、看診、發藥 3 個部門所組成，各部門無需置辦任何複雜軟硬體電腦裝置，只需一台簡單電腦，以網路連通私用雲端網站，即可順利完成醫療流程。

經營流程包括：掛號作業、醫生看診、藥房作業、費用管理。

(4) **小說漫畫影片租借雲端網站**：一般人安排假日休閒，除了郊外走走，就是租借小說、漫畫、或影片，拋開都市之喧囂忙碌，在家享受安靜溫暖時光。

經營流程包括：借出操作、歸還操作、費用管理。

(5) **補習班雲端網站**：年青人為了升學，老年人為了興趣，都會到補習班去走一遭，學些自己想要的知識。經統計，80%有企圖心的青年，都有補習班上課的經驗。補習班猶如一間小型學校，在雲端網站設計上應考量：學生、教師、課程、教室、成績、經費等項目。

經營流程包括：課程索引、註冊入學、課堂名冊、學生成績、費用管理。

1-10 本書編著特性(Characteristic of this Book)

1、**輕鬆入門**：本書以雲端運算初學者入門觀點編著，輕鬆入門，輕鬆切入。

2、**範例實作**：每一學習重點都搭配實作範例，本書編輯實作範例 83 則，導引解說雲端網站建置、網路程式設計、與使用者操作。

3、**應用設計**：詳細介紹私用雲端設計，選出代表性行業，配合各領域營運需求，列出操作流程，設計實用網站網頁。

4、**光碟使用**：本書隨書附光碟一片，內容有 Java6.0 安裝程式(System)、Tomcat7.0.2 網站安裝程式(System)、範例程式(Program)。

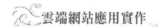
1-11 習題(Exercises)

1、雲端運算之基礎意義為何？

2、試簡述電腦發展過程。

3、凡是應用網路之電腦技術，都是雲端運算的前輩，我們熟悉的雲端前輩有那些？

4、雲端運算之基本特性條件為何？

5、以功能範圍來言，雲端網站分類為何？

6、試請描述雲端運算之優缺點。

第 **2** 章

▷ **Java系統工具**

2-1 簡介

如前章述，雲端運算(Cloud Computing) 之主要概念，是將原儲存在本地電腦(Local Machine) 的資料(Information)，交由雲端網站(Cloud Site) 儲存；原由本地電腦之運算，交由雲端網站運算。可節省本機之儲存空間、與運算代價，方便綜合運算，進而容易緊密合作。

目前電腦領域，有許多應用系統，都具有輔助完成雲端運算之功能，筆者認為，Java 是其中最有執行能力的工具之一，Java 有物件導向特性，有網路傳遞資料功能，當 Java 與 Html 合併編輯時，更有執行強大互動網頁之能力。雅虎(Yahoo!) 雲端平台作業系統 Hadoop 亦是以 java 寫成(與本書相同)。

本章引領安裝最新 Java 標準開發套件(Java SE Development Kit)，讀者可於 "http://java.sun.com" 自行下載，或使用本書光碟 C:\BookCldApp\System 已備妥之 jdk-7u1-windows-i586.exe。

本章內容包括安裝 Java 系統軟體(jdk-7.0)、設定 Java 環境、與第一個 Java 程式，請參考執行步驟依序執行。

2-2 安裝 Java 系統軟體

讀者可於 http://java.sun.com 自行下載，或使用本書光碟 C:\BookCldApp\System 已備妥之 jdk-7u1-windows-i586.exe，安裝至雲端網站。

(1) 點選本書光碟 C:\BookCldApp\System 之 jdk-7u1-windows-i586.exe。

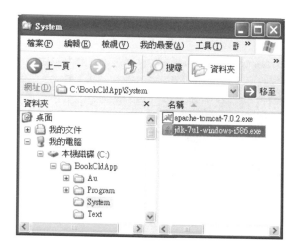

(2) 點選 Next。

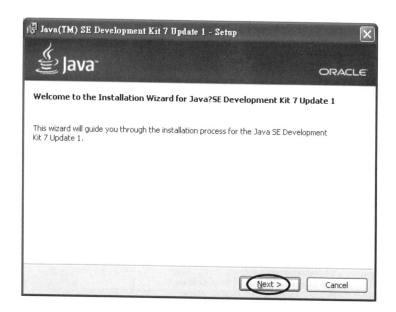

(3) 點選 Development Tools 倒三角。

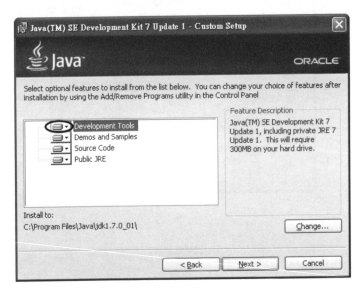

(4) 點選 **This feature, and all subfeatures, will be installed on local hard drive** \ 依序以相同步驟，執行其他項目(Demos and Samples、Source Code、Public JRE) \ 按 **Next**。

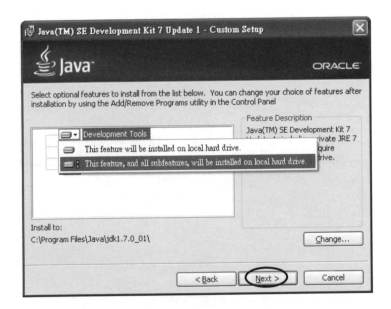

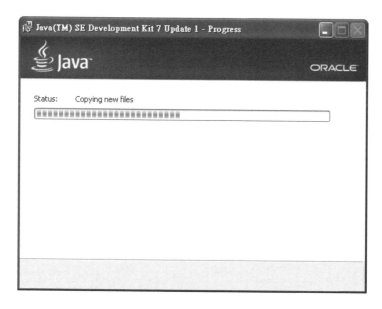

(5) 按 **Next**。

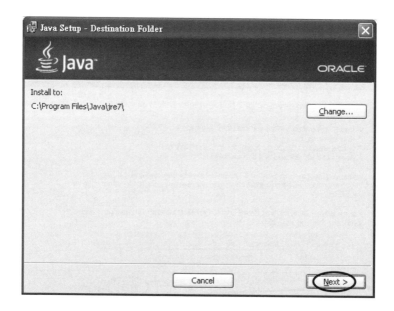

(6) 按 **Finish**，完成安裝。

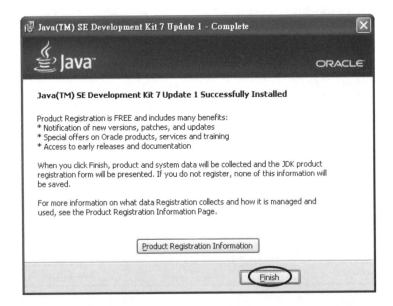

(7) 檢視安裝。安裝完畢後，將會於 C:\Program Files\Java 產生目錄
\jdk1.7.0_01、及其子目錄 bin、db、demo、include、jre、lib、sample、
src.zip 等；與目錄 jre7。

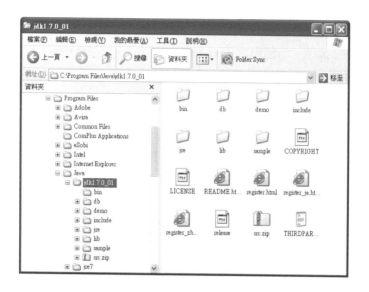

2-3 設定 Java 環境

　　Java 之所有系統執行檔均儲存於 C:\Program Files\Java\jdk1.7.0_01\bin 目錄內(如下圖)。當要編譯 Java 程式、或執行 Java 程式碼時，必須先將該程式或程式碼移置於此目錄內，才可執行，甚為不便。

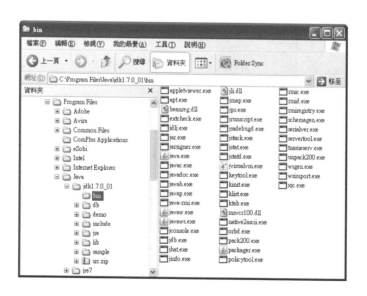

為了避免必須將程式碼移置至 C:\Program Files\Java\jdk1.7.0_01\bin 目錄內之不便，讓任一目錄內之 Java 程式均可在自己目錄內執行，我們應設定 Java 執行路徑，其設定步驟如下：

(1) 點選 開始 \ 控制台 \ 系統。

(2) 按 進階。

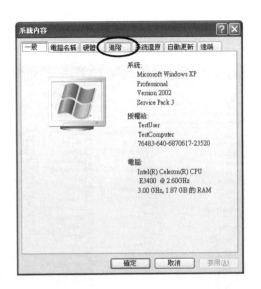

(3) 按 環境變數。

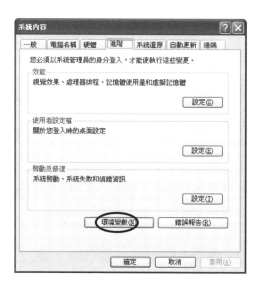

(4) 點選 系統變數之 新增。

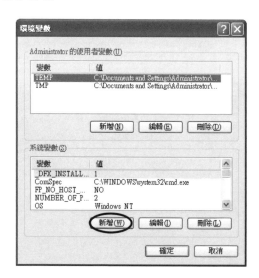

(5) 於變數名稱欄 鍵入 "path"。

於變數值欄 鍵入 "C:\Program Files\Java\jdk1.7.0_01\bin"。

按 確定。

(6) 按 確定。

(7) 按 **確定**。完成設定。

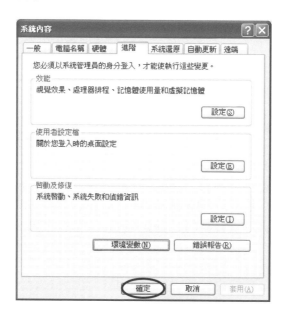

(8) 檢視 Java 環境設定。開啟一個 Dos 視窗,於任何目錄鍵入 java,如果設定成功,將顯示如下:

2-4 第一個 Java 程式

　　Java 程式執行流程有多種不同形式，在此以最基礎之 Dos 視窗形式作為 "第一個 Java 程式" 解說，流程可分為：(1)編輯程式(Program Editing)、(2)編譯程式(Program Compiling)、(3)執行程式(Program Executing)。

> **範例 01**：設計檔案 MyfirstJava.java，**解說 Java 程式之編輯、編譯、與執行**。

(1) 編輯程式：可儲存 Java 程式之編輯工具非常多，筆者認為 "記事本" 最為樸實，負擔輕、效率高，因此建議讀者以 "記事本" 為 Java 程式之編輯器。(編輯於本書光碟 C:\BookCldApp\Program\ch02\02_4)

```
01 class MyfirstJava{
02   public static void main(String[ ] args){
03         System.out.println("My first Java program");
04   }
05 }
```

列 1　　以 "class" 為起始標籤，設定程式為類別程序，本例名稱為 MyfirstJava。儲存檔案時，類別名稱與檔案名稱之主檔名必須相同。

列 2　　Java 程式之執行起始入口 main()。

列 3　　印出字串 "My first Java program"。

(2) 編譯程式：Java 程式檔案 xxx.java(如本例 MyfirstJava.java)編輯完成後，須再編譯成電腦了解的機器碼檔案 xxx.class，然後才可作執行。Java 之編譯與執行均在 Dos 內進行。

　　(a) 開啟 Dos 或 命令提示字元。

　　(b) 調整至儲存程式之目錄。本例為 C:\BookCldApp\Program\ch02\02_4。

　　(c) 鍵入 **dir**，以確定程式 MyfirstJava.java 確實存在。

(d) 鍵入指令 **javac MyfirstJava.java**，執行程式編譯。(javac 為系統編譯指令)

(e) 鍵入 **dir**，確定已產生類別 MyfirstJava.class。完成編譯。

(3) 執行程式：

(a) 鍵入指令 **java MyfirstJava**。執行編譯碼 MyfirstJava.class，此時無需鍵入副檔名 ".class"。印出字串 "My first Java program" 即為完成執行。

(b) 經過以上各步驟，讀者已完成您的第一個 Java 程式。

2-5 習題(Exercises)

1、如何取得 Java 系統安裝軟體？

2、執行路徑環境設定之意義為何？

3、本章範例第一個 Java 程式，解說那 3 個流程？

note

第**3**章

▶ **Java網站網頁系統工具**

3-1 簡介

Java除具有物件導向特質外,亦具有強大之網路資料傳遞功能,當與 Html 網頁語言合併時,即可產生非常靈巧的 Java 互動網頁(Java Serve Page 簡稱 JSP),我們可利用此功能建立雲端網站網頁(Cloud Site Page),使用者用戶藉此網頁,與此雲端網站(Cloud Site) 互動存取資料、互動運算資料。

Tomcat 是專為 Java 互動網頁設計的網站系統,在開發 Servlet 之初,昇陽(Sun) 開發 Servlet/jsdk 系列網站系統軟體,發展互動功能。亦即、若單獨使用 Servlet 系統,安裝專為其設置之 jsdk 網站系統軟體即可(請參考筆者著 "Servlet 網站網頁與資料庫")。

自 Java 互動網頁(Java Serve Page) 開發完成後,為了合併 Servlet 與 JSP 使用相同的網站系統軟體,業界多選擇使用 Tomcat 系列系統軟體,本書採用 Tomcat7.0 最新版。

本章內容包括安裝最新 Tomcat7.0 系統軟體、設定 Java 互動網頁(Java Serve Page) 環境、與第一個 Java 互動網頁程式,請參考執行步驟依序執行。

3-2 安裝 Tomcat 系統軟體

本 節 引 領 安 裝 最 新 Tomcat7.0 系 統 軟 體 ﹐ 讀 者 可 於 http://tomcat.apache.com自行下載,或使用本書光碟 C:\BookCldApp\System 已備妥之 apache-tomcat-7.0.2.exe,安裝於雲端網站(Cloud Site)。

(1) 點選本書光碟 C:\BookCldApp\System 提供之 apache-tomcat-7.0.2.exe。

(2) 點選 **Next**。

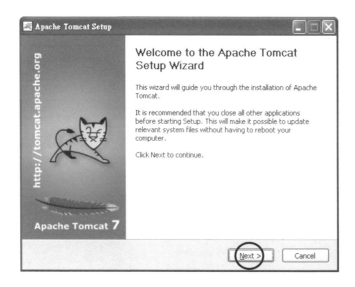

(3) 點選 **I Agree**。

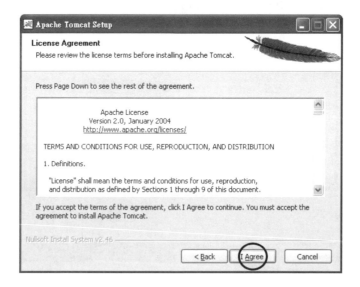

(4) 全部勾選 \ 點選 **Next**。

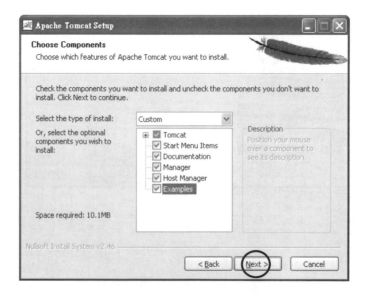

(5) 按 **Browse**。

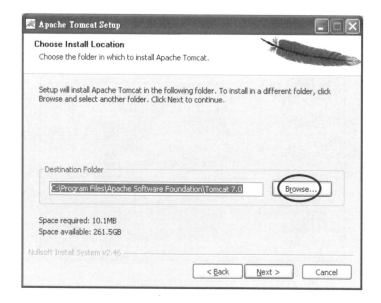

(6) 點選目錄 C:\Program Files\Java \ 按 確定。

(7) 點選 **Next**。

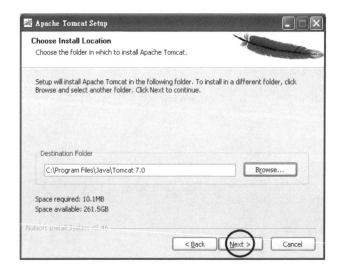

(8) 點選 **Next**。

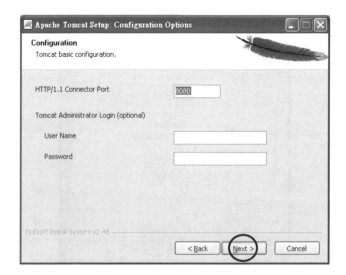

(9) 點選 **Install**。

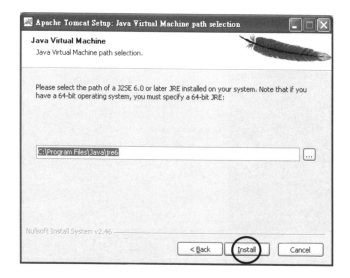

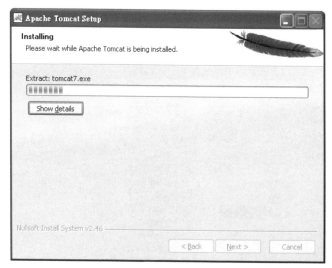

(10) 按 **Finish**。完成安裝。

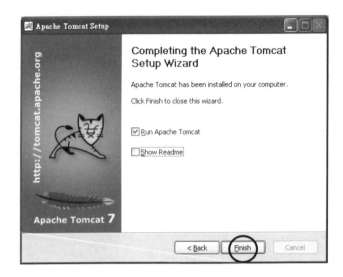

(11) 檢視安裝。安裝完畢後，將會於 C:\Program Files\Java 產生目錄
Tomcat7.0、及其子目錄。

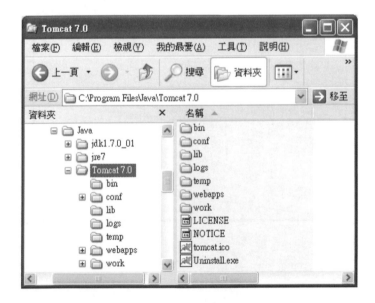

3-3 設定 Java 互動網頁(Java Serve Page) 環境

如前節於雲端網站(Cloud Site)，設定 Tomcat7.0 之位置目錄 C:\Program Files\Java，用意在方便與 Java 系統連接。

本節再以目錄 C:\Program Files\Java\jdk1.7.0_01 設定爲 Tomcat 之系統路徑(Path)，並依系統要求設定路徑名稱 JAVA_HOME，使其與 Java 系統密切連接。

(1) 點選 開始 \ 控制台 \ 系統。

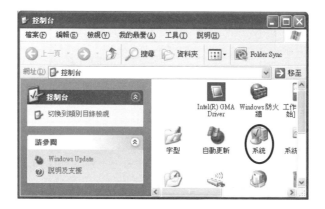

(2) 按 進階。

(3) 按 環境變數。

(4) 點選 系統變數之 新增。

(5) 於變數名稱欄 鍵入 "JAVA_HOME"。

於變數值欄 鍵入 "C:\Program Files\Java\jdk1.7.0_01"。

按 確定。

(6) 按 確定。

(7) 按 **確定**。完成設定。

(8) 啟動 Tomcat 系統。(依 3-4-2-2 節步驟執行)

(9) 檢視 Tomcat 設定。開啟瀏覽器，以http://localhost:8080/index.html為網址，如果顯示如下，表示安裝成功。

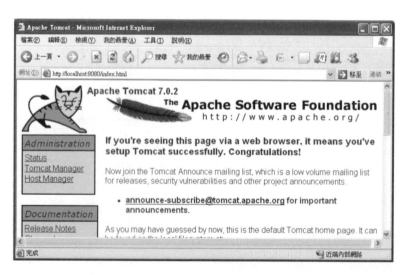

3-4 第一個 Java Serve Page 程式

　　JSP 是建立於雲端網站(Cloud Site) 之互動網頁程式，使用者可依網站網址開啟網頁，經由該網頁與雲端網站(Cloud Site) 作資訊互動。對初學者來言、總是希望以最基礎之方式，全程嘗試一遍執行過程。本節將介紹：(1)雲端 JSP 程式之編輯(Program Editing)、(2) 雲端 JSP 程式之執行(Program Executing)、(3) 雲端 JSP 網頁之執行(Page Executing)，經過此三個步驟，將立即體驗第一個雲端 JSP 實作。

3-4-1 程式編輯(Editing Program)

　　JSP 網頁程式，是以 Html 與 Java 合併編輯而成，Html 部份即如一般 Html 網頁撰寫；Java 部份則是以<% … %>符號將 Java 程式碼括置其中。由此也可看出 JSP 是由 Java 支援的網頁，有 Java 物件導向之強大功能，亦有 Html 網頁之靈巧應用。

範例 02：編輯 JSP 雲端網站程式 Ex02.jsp，使用者開啟網頁顯示中英文訊息 "My First JSP Cloud Programming 我的第一個 JSP 雲端網頁"。(本例程式以記事本為編輯器，儲存於本書光碟 C:\BookCldApp\Program\ch03\3_4\3_4_1)

```
01 <%@ page contentType="text/html;charset=big5" %>
02 <html>
03 <head><title>Ex02</title></head>
04 <body>
05 <%
06 out.println("My first JSP Cloud programming");
07 out.println("我的第一個 JSP 雲端網頁");
08 %>
09 </body>
10 </html>
```

列 01　　設定程式型態。

列 02~04 與 09~10 以 html 編輯。

列 05~08 使用<%...%>符號，於其中以 Java 編輯。

列 06~07 以 Java 印出訊息。

3-4-2 程式執行(Executing Program)

Tomcat 是 JSP 之專屬網站網頁系統，只要將 JSP 程式置入 Tomcat 指定目錄，即自動編譯、自動推向網站網頁。執行步驟為：(1)複製 JSP 程式至 Tomcat 系統；(2)啟動 Tomcat 系統。

3-4-2-1 複製 Ex02.jsp

我們可以在 Tomcat7.0 系統內另訂執行目錄、與執行設定，但為了簡化操作，我們使用現成的執行目錄：

C:\Program Files\Java\Tomcat 7.0\webapps\examples。

將前節之編輯檔 Ex02.jsp 複製至此目錄內。

3-4-2-2 啟動 Tomcat 系統

為了將新複製 JSP 程式有效納入 Tomcat 執行系統，每當完成新程式複製後，必須將 Tomcat 重新啟動。啟動方式有 2 種：

(1) Dos 版作業系統之啟動(Start)/停止(Stop) 執行程式為：

C:\Program Files\Java\Tomcat 7.0\bin 之 tomcat7.exe。

(2) Window 版作業系統之啟動(Start)/停止(Stop) 執行程式為：

C:\Program Files\Java\Tomcat 7.0\bin 之 tomcat7w.exe。

本書使用 Window 版，執行步驟如下：

(1) 點選執行 C:\Program Files\Java\Tomcat 7.0\bin 之 tomcat7w.exe。

(2) 按 **Start**。(如果目前是 Stop，先按 Stop，等待轉為 Start 之後，再依步驟
執行)

(3) 按 確定。完成重新啟動

(4) 同理，按 Stop \ 確定，關閉 Tomcat 系統。(當關閉後，將無法使用網頁)

3-4-3 網頁執行(Executing Page)

　　當完成前述步驟之後，即可在任意使用者端開啓瀏灠器，使用網址 http://163.15.40.242:8080/examples/Ex02.jsp，其中 163.15.40.242 爲本書雲端網站之 IP，8080 爲 port。(注意：讀者實作時應將 IP 改成自己雲端網站之 IP)

3-4-4 注意事項

　　雲端網站依前述步驟建立之 JSP 網頁，使用者可於任意使用端開啓使用，如果無法開啓，可能原因有：

(1) 雲端網站防火牆：如果讀者建立之雲端網站 IP，未經合法申請註冊，應將網站防火牆暫時關閉。(如圖)

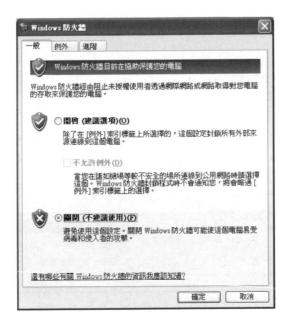

(2) 共用和安全性：如果尚未開啟檔案目錄之 "共用和安全性"，使用預設精靈
關啟之。(如圖)

3-5 習題(Exercises)

1、如何取得 Tomcat 系統安裝軟體？

2、執行 JSP/Tomcat 環境設定之意義為何？

3、JSP/Tomcat 之 Port 通常設定為何值？

note

第 4 章

網頁框架設計 (Frame Design)

4-1 簡介

　　雲端網站是一種多功能多層次的網站，其所開發的應用網頁，也應有對應之架構。為了適應設計層次分明之雲端網頁，本章先複習一些網頁框架基礎設計。在一個 Html/Java 互動網頁上，可分割出多個相互關連之次網頁，使網頁多元生動，倍增層次應用功能，設計內容包括：(1)網頁框架分隔、(2)框架執行關連。

4-2 網頁框架分隔(Frame Set)

　　將網頁以框架方式分隔成數個次網頁框架(Frames) 是謂 "網頁框架分隔(Frame Set)"。在分隔形態上可分為：(1)左右分隔(Left-Right Frames)、(2)上下分隔(Top-Bottom Frames)、(3)巢式分隔(Nested Frames)，各個次網頁框架，分別執行各自指定之網頁程式。

4-2-1 左右分隔(Left-Right Frames)

　　Html/Java 以<FRAMESET COLS= "a%, b%, *" > … </FRAMESET> 作網頁框架橫向分隔，其中 a%、b%、* 為分隔空間所佔之寬度比率、"*" 號為剩餘之空間。

　　以<FRAME NAME= "name" SRC= "program.jsp"> 設定分隔框架，其中 name 為該次框架名稱，program.jsp 為該框架超連接之執行檔案。

> **範例 03**：設計檔案 Ex03.jsp、a.jsp、b.jsp，展示 **Html/Java** 網頁左右框架分隔之設計。

(1) 設計檔案 Ex03.jsp：(本例首頁程式，網頁左右框架分隔，編輯於光碟 C:\BookCldApp\Program\ch04\4_2\4_2_1)

```
01 <HTML>
02 <HEAD>
```

```
03 <TITLE>Front Page of Ex03</TITLE>
04 </HEAD>
05 <FRAMESET COLS= "30%, 70%" >
06    <FRAME NAME= "Left" SRC= "a.jsp">
07    <FRAME NAME= "Right" SRC= "b.jsp">
08 </FRAMESET>
09 </HTML>
```

列 05~08 以<FRAMESET COLS>...</FRAMESET> 執行網頁框左右分隔。
(本例左端佔 30%、右端佔 70%)

列 06   以<FRAME NAME= "Left" SRC= "a.jsp"> 設定左端框。(Left 為本
例左端框之設定名稱，a.jsp 為本例左端框之超連接檔案)

列 07   以<FRAME NAME= "Right" SRC= "b.jsp"> 設定右端框。(Right
為本例右端框之設定名稱，b.jsp 為本例右端框之超連接檔案)

(2) 設計檔案 a.jsp：(本例左次框架網頁程式)

```
01 <%@ page contentType="text/html;charset=big5" %>
02 <html>
03 <head><title>Ex03_b</title></head>
04 <body>
05 <%
06 out.print("執行網頁 b");
07 %>
08 </body>
09 </html>
```

列 06   印出檔案執行訊息。

(3) 設計檔案 b.jsp：(本例右次框架網頁程式)

```
01 <%@ page contentType="text/html;charset=big5" %>
02 <html>
03 <head><title>Ex03_a</title></head>
04 <body>
05 <%
06 out.print("執行網頁 a");
07 %>
08 </body>
09 </html>
```

列 06   印出檔案執行訊息。

(4) 執行檔案 **Ex03.jsp**、**a.jsp**、**b.jsp**：(參考範例 02)

(a) 複製 Ex03.jsp、a.jsp、b.jsp 至目錄：

C:\Program Files\Java\Tomcat 7.0\webapps\examples。

(b) 重新啟動 Tomcat。

(c) 使用者開啟瀏覽器，使用網址http://163.15.40.242:8080/examples/Ex03.jsp，其中 163.15.40.242 為網站主機之 IP，8080 為 port。(注意：讀者實作時應將 IP 改成自己雲端網站之 IP)

4-2-2 上下分隔(Top-Bottom Frames)

JSP 以<FRAMESET ROWS= "a%, b%, *" > … </FRAMESET> 作網頁框架縱向分隔，其中 a%、b%、* 為分隔空間所佔之寬度比率，"*" 號為剩餘之空間。

以<FRAME NAME= "name" SRC= "program.jsp"> 設定分隔框架，其中 name 為該次框架名稱，program.jsp 為該框架超連接之執行檔案。

範例 04：設計檔案 Ex04.jsp、a.jsp、b.jsp，展示 JSP 網頁上下框架分隔之設計。

(1) 設計檔案 Ex04.jsp：(本例首頁程式，網頁上下框架分隔，編輯於光碟 C:\BookCldApp\Program\ch04\4_2\4_2_2)

```
01 <HTML>
02 <HEAD>
03 <TITLE>Front Page of Ex04</TITLE>
04 </HEAD>
05 <FRAMESET ROWS= "30%, 70%" >
06   <FRAME NAME= "Top" SRC= "a.jsp">
07   <FRAME NAME= "Bottom" SRC= "b.jsp">
08 </FRAMESET>
09 </HTML>
```

列 05~08 以<FRAMESET ROWS>...</FRAMESET> 執行網頁框上下分隔。(本例上端佔 30%、下端佔 70%)

列 06 以<FRAME NAME= "Top" SRC= "a.jsp"> 設定上端框。(Top 為本例上端框之設定名稱，a.jsp 為本例上端框之超連接檔案)

列 07 以<FRAME NAME= "Bottom" SRC= "b.jsp"> 設定下端框。(Bottom 為本例下端框之設定名稱，b.jsp 為本例下端框之超連接檔案)

(2) 設計檔案 a.jsp：(設計參考範例 03，為本例上端次框架網頁程式)

(3) 設計檔案 b.jsp：(設計參考範例 03，為本例下端次框架網頁程式)

(4) 執行檔案 Ex04.jsp、a.jsp、b.jsp：(參考範例 02)

　(a) 複製 Ex04.jsp、a.jsp、b.jsp 至目錄：

　　C:\Program Files\Java\Tomcat 7.0\webapps\examples。

　(b) 重新啟動 Tomcat。

　(c) 使用者開啟瀏覽器，使用網址http://163.15.40.242:8080/examples/Ex04.jsp，其中 163.15.40.242 為網站主機之 IP，8080 為 port。(注意：讀者實作時應將 IP 改成自己雲端網站之 IP)

4-2-3 巢式分隔(Nested Frames)

JSP 以<FRAMESET ROWS= "a%, b%, *" > … </FRAMESET> 作網頁框架上下分隔，其中 a%、b%、* 為分隔空間所佔之寬度比率，"*" 號為剩餘之空間。

再將上述框架以<FRAMESET ROWS= "c%, d%, *" > … </FRAMESET> 作網頁框架左右分隔，其中 c%、d%、* 為分隔空間所佔之寬度比率，"*" 號為剩餘之空間。如此縱橫分隔，是謂 "巢式分隔(Nested)"。

以<FRAME NAME= "name" SRC= "program.jsp"> 設定分隔框架，其中 name 為該次框架名稱，program.jsp 為該框架超連接之檔案。

設計範例 05，先將全網頁作上(Top)、中(Mid)、下(Bottom)分隔；再將中(Mid)網頁作 Mid_1、Mid_2 左右分隔。

> **範例 05：** 設計檔案 Ex05.jsp、Top05.jsp、Mid05_1.jsp、Mid05_2.jsp、Bottom05.jsp，展示 **JSP** 網頁巢式框架分隔之操作。

(1) 設計檔案 Ex05.jsp：(本例首頁程式，網頁巢式框架分隔，編輯於光碟 C:\BookCldApp\Program\ch04\4_2\4_2_3)

```
01 <HTML>
```

```
02 <HEAD>
03 <TITLE>Front Page of Ex05</TITLE>
04 </HEAD>
05 <FRAMESET ROWS= "20%, 60%, 20%" >
06   <FRAME NAME= "Top05" SRC= "Top05.jsp">
07   <FRAMESET COLS= "20%,*">
08       <FRAME NAME= "Mid05_1" SRC= "Mid05_1.jsp">
08       <FRAME NAME= "Mid05_2" SRC= "Mid05_2.jsp">
09   </FRAMESET>
10   <FRAME NAME= "Bottom05" SRC= "Bottom05.jsp">
11 </FRAMESET>
12 </HTML>
```

列 05~11 以<FRAMESET ROWS>...</FRAMESET> 執行網頁框縱向分隔。(本例上端佔 20%、中區佔 60%、下端佔 20%)

列 06　　　以<FRAME NAME= "Top05" SRC= "Top05.jsp"> 設定上端框。(Top05 為本例上端框之設定名稱，Top05.jsp 為本例上端框之超連接檔案)

列 07~09 將中區分隔左右頁框。(本例左端佔 20%、右端佔 80%)

列 08　　　設定中區左端頁框。(Mid05_1 為本例左端框之設定名稱，Mid05_1.jsp 為本例左端框之超連接檔案)

列 09　　　設定中區右端頁框。(Mid05_2 為本例右端框之設定名稱，Mid05_2.jsp 為本例右端框之超連接檔案)

列 10　　　以<FRAME NAME= "Bottom05" SRC= "Bottom05.jsp">設定下端框。(Bottom05 為本例下端框之設定名稱，Bottom05.jsp 為本例下端框之超連接檔案)

(2) 設計檔案 Top05.jsp：(設計參考範例 03 之 a.jsp，為本例上端次框架網頁程式)

(3) 設計檔案 Mid05_1.jsp：(設計參考範例 03 之 a.jsp，為本例中左端次框架網頁程式)

(4) 設計檔案 Mid05_2.jsp：(設計參考範例 03 之 a.jsp，為本例中右端次框架網頁程式)

(5) 設計檔案 Bottom05.jsp：(設計參考範例 03 之 a.jsp，為本例下端次框架網頁程式)

(6) 執行檔案 **Ex05.jsp**、**Top05.jsp**、**Mid05_1.jsp**、**Mid05_2.jsp**、**Bottom05.jsp**：(參考範例 02)

(a) 複製上列各檔案至目錄：

C:\Program Files\Java\Tomcat 7.0\webapps\examples。

(b) 重新啟動 Tomcat。

(c) 使用者開啟瀏覽器，使用網址http://163.15.40.242:8080/examples/Ex05.jsp，其中 163.15.40.242 為網站主機之 IP，8080 為 port。(注意：讀者實作時應將 IP 改成自己雲端網站之 IP)

4-3 框架執行關連(Target Relation)

Html/Java 提供網頁框架執行關連(Target) 功能，**於框架 A 連接網頁程式 x，執行結果卻顯示於框架 B**，如此設計可使網頁有高可讀性、有多元性、有系統性。一般常見的網頁都是以此方式作設計架構。

Html/Java 以<A HREF= "program.jsp" TARGET= "name">workLabel</A>執行網頁框架關連(Target) 功能，其中 program.jsp 為超連接網頁程式檔，name 為執行結果顯示之框架名稱，workLabel 為超連接標示。即於本地框架超連接

網頁程式 program.jsp，執行結果顯示於框架 name。

　　為了更增加其多元化功能，我們可將網頁框架執行關連(Target)分為：(1)單層網頁框架執行關連(Simple Target)、(2)多層網頁框架執行關連(Multi Target)。

4-3-1 單層網頁框架關連(Simple Target)

　　如前述，於框架 A 超連接網頁 x，執行結果顯示於框架 B，因是執行一次超連接，是謂 "**單層網頁框架關連(Simple Target)**"。

> **範例 06**：設計檔案 Ex06.jsp、Top06.jsp、Mid06_1.jsp、Mid06_2.jsp、Bottom06.jsp、a.jsp、b.jsp、c.jsp，**展示 JSP 單層網頁框架執行關連之設計**。

(1) 設計檔案 Ex06.jsp：(設計參考範例 05 之 Ex05.jsp 為本例首頁程式，編輯於光碟 C:\BookCldApp\Program\ch04\4_3\4_3_1)

(2) 設計檔案 Top06.jsp：(設計參考範例 05 之 Top05.jsp 為本例上端次框架網頁程式)

(3) 設計檔案 Mid06_1.jsp：(本例中左端次框架網頁程式，超連接 a.jsp、b.jsp、c.jsp，執行結果顯示於中左端次框架 Mid06_2)

```
01 <%@ page contentType="text/html;charset=big5" %>
02 <html>
03 <head><title>Mid06_1</title></head>
04 <body>
05   <A HREF= "a.jsp" TARGET= "Mid06_2">標籤執行網頁 a</A><p>
06   <A HREF= "b.jsp" TARGET= "Mid06_2">標籤執行網頁 b</A><p>
07   <A HREF= "c.jsp" TARGET= "Mid06_2">標籤執行網頁 c</A><p>
08 </body>
09 </html>
```

列 05　　以<A HREF= "a.jsp" TARGET= "Mid06_2">執行網頁 a</A>執行網頁框架關連(Target)功能，於框架 Mid06_1 超連接網頁 a.jsp，執行顯示於框架 Mid06_2。同理列 06、07。

(4) 設計檔案 **Mid06_2.jsp**：(設計參考範例 05 之 Mid05_2.jsp 為本例中右端次框架網頁程式)

(5) 設計檔案 **Bottom06.jsp**：(設計參考範例 05 之 Bottom.05.jsp 為本例下端次框架網頁程式)

(6) 設計檔案 **a.jsp**：(設計參考範例 03 之 a.jsp，為本例超連接執行檔)

(7) 設計檔案 **b.jsp**：(參考 a.jsp，為本例超連接執行檔)

(8) 設計檔案 **c.jsp**：(參考 a.jsp，本例超連接執行檔)

(9) 執行檔案 **Ex06.jsp、Top06.jsp、Mid06_1.jsp、Mid06_2.jsp、Bottom06.jsp、a.jsp、b.jsp、c.jsp**：(參考範例 02)

　(a) 複製上列各檔案至目錄：

　　C:\Program Files\Java\Tomcat 7.0\webapps\examples。

　(b) 重新啟動 Tomcat。

　(c) 使用者開啟瀏覽器，使用網址http://163.15.40.242:8080/examples/Ex06.jsp，其中 163.15.40.242 為網站主機之 IP，8080 為 port。(注意：讀者實作時應將 IP 改成自己雲端網站之 IP)

(d) 點選 **執行網頁 a**。(超連接網頁 a.jsp，執行結果顯示於框架 Mid06_2)

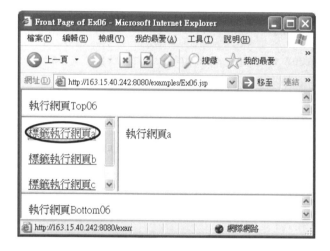

4-3-2 多層網頁框架關連(Multi Target)

　　如前述，於框架 A 超連接網頁 x，執行結果顯示於框架 B；再驅動框架 B 超連接網頁 y，執行顯示於框架 C。因是驅動執行多次超連接，是謂 "**多層網頁框架執行關連(Multi Target)**"。

> **範例 07**：設計檔案 Ex07.jsp、Top07.jsp、Mid07_1.jsp、Mid07_1_1.jsp、Mid07_1_2.jsp、Mid07_2.jsp、Bottom07.jsp、a.jsp、b.jsp、c.jsp、x.jsp、y.jsp、z.jsp，展示 **JSP 多層網頁框架關連之操作。**

(1) 設計檔案 Ex07.jsp：(設計參考範例 05 之 Ex05.jsp 為本例首頁程式，編輯於光碟 C:\BookCldApp\Program\ch04\4_3\4_3_2)

(2) 設計檔案 Top07.jsp：(本例上端次框架網頁程式，超連接網頁 Mid07_1_1.jsp、Mid07_1_2.jsp，執行顯示於框架 Mid07_1)

```
01 <%@ page contentType="text/html;charset=big5" %>
02 <html>
03 <head><title>Top07</title></head>
04 <body>
05 <%
```

```
06  out.print("執行網頁 Top07");
07  %>
08  <TABLE WIDTH="100%">
09  <TD ALIGN="RIGHT">
10  <A HREF="Mid07_1_1.jsp" TARGET="Mid07_1">執行 abc</A>
11  <A HREF="Mid07_1_2.jsp" TARGET="Mid07_1">執行 xyz</A></TD>
12  </body>
13  </html>
```

列 08~09 設定靠右端。

列 10　　超連接網頁 Mid07_1_1.jsp，執行顯示於框架 Mid07_1。

列 11　　超連接網頁 Mid07_1_2.jsp，執行顯示於框架 Mid07_1。

(3) 設計檔案 Mid07_1.jsp：(設計參考範例 05 之 Mid05_1.jsp 為本例中左端次框架網頁程式)

(4) 設計檔案 Mid07_1_1.jsp：(承接 Top07.jsp 之超連接；超連接網頁 a.jsp、b.jsp、c.jsp，執行顯示於框架 Mid07_2)

```
01  <%@ page contentType="text/html;charset=big5" %>
02  <html>
03  <head><title>Mid07_1</title></head>
04  <body>
05    <A HREF= "a.jsp" TARGET= "Mid07_2">標籤執行網頁 a</A><p>
06    <A HREF= "b.jsp" TARGET= "Mid07_2">標籤執行網頁 b</A><p>
07    <A HREF= "c.jsp" TARGET= "Mid07_2">標籤執行網頁 c</A><p>
08  </body>
09  </html>
```

列 05~07 超連接網頁 a.jsp、b.jsp、c.jsp，執行顯示於框架 Mid07_2。

(5) 設計檔案 Mid07_1_2.jsp：(承接 Top07.jsp 之超連接；超連接網頁 x.jsp、y.jsp、z.jsp，執行顯示於框架 Mid07_2)

```
01  <%@ page contentType="text/html;charset=big5" %>
02  <html>
03  <head><title>Mid07_1</title></head>
04  <body>
05    <A HREF= "x.jsp" TARGET= "Mid07_2">標籤執行網頁 x</A><p>
06    <A HREF= "y.jsp" TARGET= "Mid07_2">標籤執行網頁 y</A><p>
06    <A HREF= "z.jsp" TARGET= "Mid07_2">標籤執行網頁 z</A><p>
07  </body>
```

```
08 </html>
```

列 05~06 超連接網頁 x.jsp、y.jsp、z.jsp，執行顯示於框架 Mid07_2。

(6) 設計檔案 Mid07_2.jsp：(設計參考範例 05 之 Mid05_2.jsp 為本例中右端次框架網頁程式)

(7) 設計檔案 Bottom07.jsp：(設計參考範例 05 之 Bottom05.jsp 為本例下端次框架網頁程式)

(8) 設計檔案 a.jsp：(設計參考範例 03 之 a.jsp，承接 Mid07_1_1.jsp 超連接執行檔)

(9) 設計檔案 b.jsp：(參考 a.jsp)

(10) 設計檔案 c.jsp：(參考 a.jsp)

(11) 設計檔案 x.jsp：(設計參考範例 03 之 a.jsp，承接 Mid07_1_2.jsp 超連接執行檔)

(12) 設計檔案 y.jsp：(參考 a.jsp)

(13) 設計檔案 z.jsp：(參考 a.jsp)

(14) 執行檔案 Ex07.jsp、Top07.jsp、Mid07_1.jsp、Mid07_1_1.jsp、Mid07_1_2.jsp、Mid07_2.jsp、Bottom07.jsp、a.jsp、b.jsp、c.jsp、x.jsp、y.jsp、z.jsp：(參考範例 02)

   (a) 複製上列各檔案至目錄：

   C:\Program Files\Java\Tomcat 6.0\webapps\examples。

   (b) 重新啟動 Tomcat。

   (c) 開啟瀏覽器，使用網址http://163.15.40.242:8080/examples/Ex07.jsp，其中 163.15.40.242 為網站主機之 IP，8080 為 port。(注意：讀者實作時應將 IP 改成自己雲端網站之 IP)

(d) 點選 **執行 abc** (超連接網頁 Mid07_1_1.jsp,執行顯示於框架 Mid07_1)。

(e) 點選 **標籤執行網頁 a** (超連接網頁 a.jsp，執行顯示於框架 Mid07_2) 。

(f) 同理 執行 **xyz**。

4-4 習題(Exercises)

1、網頁框架分隔(Frame Set)在分隔形態上可分為那 3 種？

2、如何作網頁框架橫向分隔？

3、如何作網頁框架縱向分隔？

4、網頁框架關連(Target)之意義為何？

5、如何作網頁框架關連(Target)？

6、何謂 "單層網頁框架關連(Simple Target)"？

7、何謂 "多層網頁框架關連(Multi Target)"？

第二篇

雲端網站概念程式
Basic Concept Programming

在進入雲端網站應用程式設計之前，應先熟悉基礎工具概念程式，使資料安全儲存於雲端網站、運算順利執行於雲端網站。

為了令使用者在使用端，將資料互動儲存於雲端網站：本篇介紹內容包括：互動儲存方式、雲端檔案處理、雲端資料庫處理、使用者認證與網頁安全、時間操作。

第五章 雲端互動資料輸入(Cloud Interacting Connections)

雲端運算(Cloud Computing) 之意義，是將原儲存在本地電腦(Local Machine) 的資料(Information)，交由雲端網站(Cloud Site) 儲存；原由本地電腦之運算，交由雲端網站運算。本章介紹使用者於任意使用端，藉雲端網站網頁，以多種型態方式，將資料傳遞輸入至雲端網站。輸入方式可以為：表單輸入(Text)、文字方塊輸入(TextArea)、選擇鈕輸入(Radio)、核取方塊輸入(CheckBox)、下拉式清單輸入(Select)、清單方塊輸入(SelectSize)、或複選清單方塊輸入(SelectSize Multiple)。

第六章 雲端檔案處理(Cloud File Processes)

使用者(Users) 如何將資料儲存至雲端網站？如何從雲端網站讀取特定資料？如何互動管理雲端網站？本書讀者是使用者(User)，更是設計者(Designer)，為了建立流暢雲端運算環境，我們應先討論設計方法，以解決上述各項問題。本章內容為：使用者(Users) 在任意使用端，對雲端網站(Cloud Site)(1)建立目錄與檔案、(2)檔案資料輸入與讀取、(3)刪除檔案與目錄、(4)展示目錄所屬檔案、(5)檔案複製/移置/傳遞。

第七章 雲端資料庫處理(Cloud Database Processes)

最常使用的儲存方式，除了前章(第六章) 所述檔案之外，另一種方式，就是資料庫(Database)。資料庫是一種功能非常強大的資料儲存工具，不僅儲存量大，且可對資料迅速搜尋、分析、研判、分類。在眾多資料庫中，本書選擇微軟 Office Access 為範例資料庫，因其方便又功能不輸其他者，凡有 Office 的電腦，開機即可使用，無需另添購軟體。

第八章 使用者認證與網頁安全(Authority and Security)

雲端運算(Cloud Computing) 是一種網路操作行為(Network Operation)，使用者(Users) 藉由網路將資料(Information) 傳遞至雲端網站，雲端網站綜合各項資料加以運算並儲存，使用者再藉網路讀取資料。因是藉由網路，一個開放(Open) 且公開(Public) 的環境，有心人可輕易地侵入、攔截、破壞，因此，安全維護更顯得重要。

第九章 時間操作(Time Operations)

在雲端網站應用上，時間訊息除了可顯示事件何時發生，還可將多個事件作發生次序排列，在應用設計上增加一個判斷因素，使得應用功能更為廣泛。JSP 之時間包裹源自類別 java.util.Date，繼承自 Object，以年、月、日、時、分、秒組成之 Date 物件，以 millisecond 為計時單位，編輯程式時，寫入 import java.util.* 執行時間應用程序匯入。

第 **5** 章

▷ # 雲端互動資料輸入(Cloud Interacting Connections)

5-1 簡介

　　雲端運算(Cloud Computing) 之意義，是將原儲存在本地電腦(Local Machine) 的資料(Information)，交由雲端網站(Cloud Site) 儲存；原由本地電腦之運算，交由雲端網站運算。本章介紹使用者於任意使用端，藉雲端網站網頁，以多種型態方式，將資料傳遞輸入至雲端網站。

　　輸入方式可以為：表單輸入(Text)、文字方塊輸入(TextArea)、選擇鈕輸入(Radio)、核取方塊輸入(CheckBox)、下拉式清單輸入(Select)、清單方塊輸入(SelectSize)、或複選清單方塊輸入(SelectSize Multiple)。

5-2 網頁鏈接與驅動(Pages Connection)

　　一個具有規模的雲端網站系統，為了執行多項功能，應設計由多個鏈接組成之網頁，有首網頁、次網頁、甚或次次網頁。使用者開啟首頁，經由點選，驅動執行次網頁，在主網頁與次網頁之驅動鏈接上，一般常用的方法有：(1)超連接、與(2)檔案鏈接。

　　在驅動方法(Method)上有：get 與 post 兩種，如要在 URL 顯示參數，可使用前者；後者為標準驅動方法，安全有效，亦為本書範例採用之方法。

5-2-1 Get 方法

　　當以 Get 方法作網頁驅動鏈接時，主網頁需使用程式碼 METHOD="get"、與 ACTION="xxx.jsp"，其中 xxx.jsp 為被驅動之 JSP 次網頁。Get 方法將會於 URL 顯示參數，使用者可清楚看到其鏈接參數，優點為透明執行過程；缺點則為較不安全，且傳遞資料不得多於 255bytes。

範例 08：於雲端網站設計檔案 Ex08.html、Ex08.jsp，以方法 **Get** 展示網頁鏈接與驅動之功能。

(1) 設計檔案 **Ex08.html**：(為本例主網頁，用以驅動 JSP 次網頁，編輯於光碟 C:\BookCldApp\Program\ch05\5_2\5_2_1)

```
01 <HTML>
02 <HEAD>
03 <TITLE>Front Page of Ex08</TITLE>
04 </HEAD>
05 <BODY>
06 <FORM METHOD="get" ACTION="Ex08.jsp">
07 <p align="center">
08 <font size="5"><b>Front Page of Ex08</b></font>
09 </p>
10 <p>  </p>
11 <p align="center">
12 <INPUT TYPE="submit" VALUE="go to Sub Page">
13 </p>
14 </FORM>
15 </BODY>
16 </HTML>
```

列 06　　以方法 get 驅動雲端網站次網頁。

列 12　　設定遞送鈕，執行列 06 之驅動。

(2) 設計檔案 **Ex08.jsp**：(為本例次網頁)

```
01 <%@ page contentType="text/html;charset=big5" %>
02 <html>
03 <head><title>Ex08</title></head><body>
04 <%
05  out.print("This is the Sub Page of Ex08 and driven by Ex08.html");
06 %>
07 </body>
08 </html>
```

列 05　　於雲端網站次網頁印出資料訊息。

(3) 執行檔案 **Ex08.html**、**Ex08.jsp**：(參考範例 02)

　(a) 複製 Ex08.html、Ex08.jsp 至目錄：

C:\Program Files\Java\Tomcat 7.0\webapps\examples。

(b) 重新啟動 Tomcat。

(c) 開啟瀏覽器，使用網址http://163.15.40.242:8080/examples/Ex08.html，
其中 163.15.40.242 為網站主機之 IP，8080 為 port。(注意：讀者實作時
應將 IP 改成自己雲端網站之 IP)

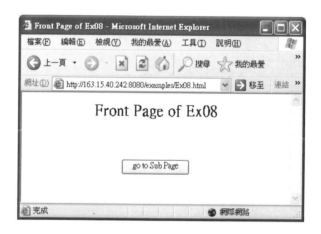

(d) 按下輸入鈕 go-to-Sub-Page，驅動執行雲端網站次網頁。

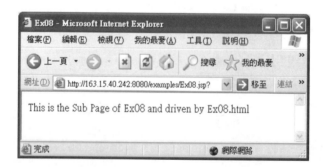

5-2-2 Post

當以 Post 方法作網頁驅動鏈接時，主網頁需使用程式碼
METHOD="post"、與 ACTION="xxx.jsp"，其中 xxx.jsp 為 JSP 次網頁。Post
為標準驅動方法，無安全問題，亦無字數限制，為本書範例多採用之方法。

範例 **09**：於雲端網站設計檔案 Ex09.html、Ex09.jsp，以方法 **post** 展
示網頁鏈接與驅動之功能。

(1) 設計檔案 Ex09.html：(為本例主網頁，用以驅動 JSP 次網頁，編輯於光碟
C:\BookCldApp\Program\ch05\5_2\5_2_2)

```
01 <HTML>
02 <HEAD>
03 <TITLE>Front Page of Ex09</TITLE>
04 </HEAD>
05 <BODY>
06 <FORM METHOD="post" ACTION="Ex09.jsp">
07 <p align="center">
08 <font size="5"><b>Front Page of Ex09</b></font>
09 </p>
10 <p>  </p>
11 <p align="center">
12 <INPUT TYPE="submit" VALUE="go to Sub Page">
13 </p>
14 </FORM>
15 </BODY>
16 </HTML>
```

列 06   以方法 post 驅動雲端網站次網頁。

列 12   設定遞送鈕，執行列 06 之驅動。

(2) 設計檔案 Ex09.jsp：(為本例次網頁)

```
01 <%@ page contentType="text/html;charset=big5" %>
02 <html>
03 <head><title>Ex09</title></head><body>
04 <%
05  out.print("This is the Sub Page of Ex09 and driven by Ex09.html");
06 %>
07 </body>
08 </html>
```

列 05   於雲端網站次網頁印出資料訊息。

(3) 執行檔案 Ex09.html、Ex09.jsp：(參考範例 02)

  (a) 複製 Ex09.html、Ex09.jsp 至目錄：

C:\Program Files\Java\Tomcat 7.0\webapps\examples。

(b) 重新啟動 Tomcat。

(c) 開啟瀏覽器,使用網址http://163.15.40.242:8080/examples/Ex09.html,其中 163.15.40.242 為網站主機之 IP,8080 為 port。(注意:讀者實作時應將 IP 改成自己雲端網站之 IP)

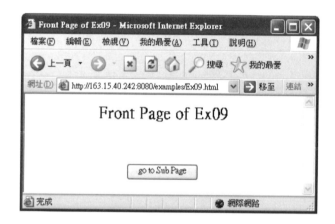

(d) 按下輸入鈕 go-to-Sub-Page,執行雲端網站次網頁。

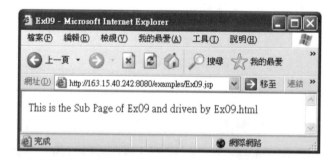

5-3 表單輸入(Text)

於主網頁設計表單區,當使用者於使用端,開啟雲端網站網頁後,使用者可於網頁表單區,輸入資料,系統將自動捕捉該資料,並傳遞至雲端網站,作適當應用。

單純的表單只能傳遞英文，如果要傳遞中文，需另作設定處理，本節將就英文表單傳遞、與中英文表單傳遞，分別以範例實作介紹之。

5-3-1 英文表單傳遞

於主網頁使用 INPUT TYPE="text" 建立表單，使用 INPUT TYPE="submit" 建立執行鈕；於雲端網站次網頁使用 getParameter() 讀取表單內容。

使用者可於 Html 主網頁表單輸入英文資料，捕捉至網站後，再傳遞至 JSP 次網頁印出。

範例 10：於雲端網站設計檔案 Ex10.html、Ex10.jsp，**展示網頁鏈接與表單英文輸入之互動功能。**

---

(1) 設計檔案 Ex10.html：(為本例主網頁，製作表單、且用以驅動 JSP 次網頁，
編輯於光碟 C:\BookCldApp\Program\ch05\5_3\5_3_1)

```
01 <HTML>
02 <HEAD>
03 <TITLE>Front Page of Ex10</TITLE>
04 </HEAD>
05 <BODY>
06 <FORM METHOD="post" ACTION="Ex10.jsp">
07 <p align="center">
08 <font size="5"><b>Front Page of Ex10</b></font>
09 </p>
10 <p>  </p>
11 <p align="center">
12 輸入資料 <INPUT TYPE = "text" NAME = "data" SIZE = "30">
13 <INPUT TYPE="submit" VALUE="遞送">
14 </p>
15 </FORM>
16 </BODY>
17 </HTML>
```

列 06   以方法 post 驅動雲端網站次網頁。

列 12　　　設定輸入表單，等待使用者端輸入資料。

列 13　　　設定遞送鈕，執行列 06 之驅動。

(2) 設計檔案 Ex10.jsp：(為本例次網頁，用以印出主網頁表單之輸入資料)

```
01 <%@ page contentType="text/html;charset=big5" %>
02 <html>
03 <head><title>Ex10</title></head><body>
04 <%
05  String val = request.getParameter("data");
06  out.print("Data: " + val);
07 %>
08 </body>
09 </html>
```

列 05　　　讀取主網頁表單輸入之資料。

列 06　　　於雲端網站次網頁印出列 05 讀取之資料。

(3) 執行檔案 Ex10.html、Ex10.jsp：(參考範例 02)

(a) 複製 Ex10.html、Ex10.jsp 至目錄：

　　C:\Program Files\Java\Tomcat 7.0\webapps\examples。

(b) 重新啟動 Tomcat。

(c) 開啟瀏覽器，使用網址http://163.15.40.242:8080/examples/Ex10.html，
　　其中 163.15.40.242 為網站主機之 IP，8080 為 port。(注意：讀者實作時
　　應將 IP 改成自己雲端網站之 IP)

(d) 於表單輸入中英文資料 \ 按 遞送。

(e) 於雲端網站次網頁印出表單輸入資料。

(4) 討論事項：

　觀察本例，僅印出英文字型資料，中文字型資料無法從主網頁表單傳遞至
雲端網站次網頁印出。

5-3-2 中英文表單傳遞

　　JSP 使用預設物件 request、及方法程序 setCharacterEncoding("big5")，
即以 request.setCharacterEncoding("big5")，設定表單傳遞中文字型。

範例 11：於雲端網站設計檔案 Ex11.html、Ex11.jsp，展示網頁鏈接與表單中英文輸入之互動功能。

(1) 設計檔案 Ex11.html：(為本例主網頁，製作表單、且用以驅動 JSP 次網頁，編輯於光碟 C:\BookCldApp\Program\ch05\5_3\5_3_2)

```
01 <HTML>
02 <HEAD>
03 <TITLE>Front Page of Ex11</TITLE>
04 </HEAD>
05 <BODY>
06 <FORM METHOD="post" ACTION="Ex11.jsp">
07 <p align="center">
08 <font size="5"><b>Front Page of Ex11</b></font>
09 </p>
10 <p>  </p>
11 <p align="center">
12 輸入資料 <INPUT TYPE = "text" NAME = "data" SIZE = "30">
13 <INPUT TYPE="submit" VALUE="遞送">
14 </p>
15 </FORM>
16 </BODY>
17 </HTML>
```

列 06　　以方法 post 驅動雲端網站次網頁。

列 12　　設定輸入表單，等待使用者端輸入資料。

列 13　　設定遞送鈕，執行列 06 之驅動。

(2) 設計檔案 Ex11.jsp：(為本例次網頁，用以印出主網頁表單之輸入資料)

```
01 <%@ page contentType="text/html;charset=big5" %>
02 <html>
03 <head><title>Ex11</title></head><body>
04 <%
05  request.setCharacterEncoding("big5");
06  String val = request.getParameter("data");
07  out.print("Data: " + val);
08 %>
09 </body>
10 </html>
```

列 05　　設定接受表單之中文內容。

列 06　　　印出表單內容。

(3) 執行檔案 Ex11.html、Ex11.jsp：(參考範例 02)

(a) 複製 Ex11.html、Ex11.jsp 至目錄：

　C:\Program Files\Java\Tomcat 7.0\webapps\examples。

(b) 重新啟動 Tomcat。

(c) 開啟瀏覽器，使用網址http://163.15.40.242:8080/examples/Ex11.html，
其中 163.15.40.242 為網站主機之 IP，8080 為 port。(注意：讀者實作時
應將 IP 改成自己雲端網站之 IP)

(d) 於表單輸入資料 \ 按 遞送。

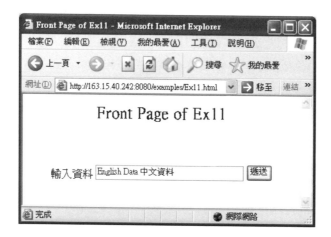

(e) 於雲端網站次網頁印出表單輸入之中英文資料。

5-4 文字方塊輸入(TextArea)

表單輸入資料有限，我們可於主網頁設計文字方塊(TextArea)，接受較多量資料的輸入，當使用者端開啟主網頁後，使用者可於文字方塊輸入多列資料，系統自動捕捉該資料，並傳遞至雲端網站次網頁印出。

於主網頁使用 TEXTAREA ROW="m" COLS="n" 建立文字方塊(其中 m、n 為長寬值)，使用 INPUT TYPE="submit" 建立執行鈕，使用 INPUT TYPE="reset" 建立取消鈕；於 JSP 次網頁使用預設物件 request、及其方法程序 getParameter() 讀取文字方塊內容。

範例 12：於雲端網站設計檔案 Ex12.html、Ex12.jsp，展示網頁鏈接與文字方塊輸入中英文之互動功能。

---

(1) 設計檔案 Ex12.html：(為本例主網頁，製作文字方塊、且用以驅動 JSP 次網頁，編輯於光碟 C:\BookCldApp\Program\ch05\5_4)

```
01 <HTML>
02 <HEAD>
03 <TITLE>Front Page of Ex12</TITLE>
04 </HEAD>
05 <BODY>
06 <FORM METHOD="post" ACTION="Ex12.jsp">
07 <p align="left">
08 <font size="5"><b>Front Page of Ex12</b></font>
09 </p>
10 <p>  </p>
11 <p align="left">
12 輸入資料：<br>
13 <TEXTAREA NAME="data" ROW="3" COLS="30">
14 </TEXTAREA><br>
15 <INPUT TYPE="submit" VALUE="遞送">
16 <INPUT TYPE="reset" VALUE="取消">
17 </p>
18 </FORM>
19 </BODY>
20 </HTML>
```

列 06   以方法 post 驅動雲端網站次網頁。

列 13   設定輸入文字方塊，等待使用者端輸入資料。

列 16   設定重新輸入鈕。

(2) 設計檔案 Ex12.jsp：(為本例次網頁，用以印出主網頁文字方塊之輸入資料)

```
01 <%@ page contentType="text/html;charset=big5" %>
02 <html>
03 <head><title>Ex14</title></head><body>
04 <%
05  request.setCharacterEncoding("big5");
06  String val = request.getParameter("data");
07  out.print("Data: " + val);
08 %>
09 </body>
10 </html>
```

參考範例 11。

(3) 執行檔案 Ex12.html、Ex12.jsp：(參考範例 02)

(a) 複製 Ex12.html、Ex12.jsp 至目錄：

C:\Program Files\Java\Tomcat 7.0\webapps\examples。

(b) 重新啟動 Tomcat。

(c) 開啟瀏覽器，使用網址http://163.15.40.242:8080/examples/Ex12.html，
其中 163.15.40.242 為網站主機之 IP，8080 為 port。(注意：讀者實作時
應將 IP 改成自己雲端網站之 IP)

(d) 於文字方塊輸入資料 \ 按 **遞送**。

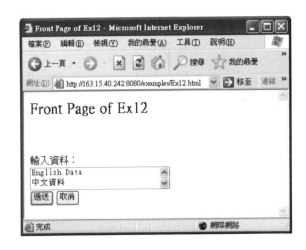

(e) 於雲端網站次網頁印出主網頁文字方塊之輸入資料。

5-5 選擇鈕輸入(Radio)

我們可於主網頁設計選擇鈕(Radio)，當使用者端開啟主網頁後，使用者於選擇鈕單一選取既定項目資料，系統自動將資料傳遞至雲端網站次網頁印出。

於主網頁使用 INPUT TYPE="radio" 建立選擇鈕；於雲端網站次網頁使用 getParameter() 讀取選擇鈕之既定內容。

範例 13：於雲端網站設計檔案 Ex13.html、Ex13.jsp，展示網頁鏈接與選擇鈕之互動功能。

(1) 設計檔案 Ex13.html：(為本例主網頁，製作選擇鈕、且用以驅動 JSP 次網頁，編輯於光碟 C:\BookCldApp\Program\ch05\5_5)

```
01 <HTML>
02 <HEAD>
03 <TITLE>Front Page of Ex13</TITLE>
04 </HEAD>
05 <BODY>
06 <FORM METHOD="post" ACTION="Ex13.jsp">
07 <p align="left">
08 <font size="5"><b>Front Page of Ex13</b></font>
09 </p>
10 <p>  </p>
11 <p align="left">
12 最喜歡的課目：<br>
13 <INPUT TYPE="radio" NAME="course" VALUE="程式設計">程式設計
14 <INPUT TYPE="radio" NAME="course" VALUE="資料庫">資料庫
15 <INPUT TYPE="radio" NAME="course" VALUE="網頁設計">網頁設計<br>
16 <INPUT TYPE="radio" NAME="course" VALUE="編譯程式">編譯程式
17 <INPUT TYPE="radio" NAME="course" VALUE="演算法">演算法
18 <INPUT TYPE="radio" NAME="course" VALUE="數位邏輯">數位邏輯<br>
19 <INPUT TYPE="submit" VALUE="遞送">
20 <INPUT TYPE="reset" VALUE="取消">
21 </p>
22 </FORM>
23 </BODY>
24 </HTML>
```

列 13~18 建立選擇鈕。

(2) 設計檔案 Ex13.jsp：(為本例次網頁，用以印出主網頁選擇鈕之輸入資料)

```
01 <%@ page contentType="text/html;charset=big5" %>
02 <html>
03 <head><title>Ex13</title></head><body>
04 <%
05  request.setCharacterEncoding("big5");
06  String val = request.getParameter("course");
07  out.print("最喜歡的課目： " + val );
08 %>
```

```
09</body>
10 </html>
```

列 06　　讀取選擇鈕之內容。

列 07　　印出選擇鈕之內容。

(3) 執行檔案 Ex13.html、Ex13.jsp：(參考範例 02)

(a) 複製 Ex13.html、Ex13.jsp 至目錄：

C:\Program Files\Java\Tomcat 7.0\webapps\examples。

(b) 重新啟動 Tomcat。

(c) 開啟瀏覽器，使用網址http://163.15.40.242:8080/examples/Ex13.html，其中 163.15.40.242 為網站主機之 IP，8080 為 port。(注意：讀者實作時應將 IP 改成自己雲端網站之 IP)

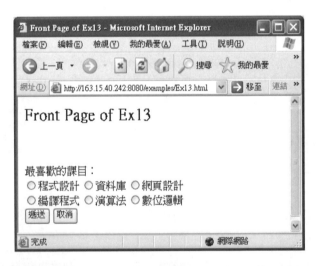

(d) 選取選擇鈕輸入資料 \ 按 遞送。(本例點選資料庫)

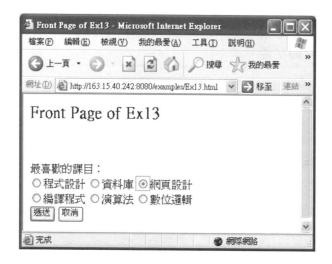

(e) 於雲端網站次網頁印出輸入資料。

5-6 核取方塊輸入(CheckBox)

我們可於主網頁設計核取方塊(CheckBox)，當使用者端開啟主網頁後，使用者可於核取方塊選取既定資料，系統自動將資料傳遞至雲端網站次網頁印出。與前節選擇鈕(Radio) 不同，核取方塊(CheckBox) 可同時作多個複選。

於主網頁使用 INPUT TYPE="checkbox" 建立核取方塊；於雲端網站次網頁使用字串矩陣，以 getParameterValues() 讀取核取方塊之複選既定內容，再以 for 迴圈印出各複選資料之內容。

範例 14：於雲端網站設計檔案 Ex14.html、Ex14.jsp，展示網頁鏈接與核取方塊之互動功能。

(1) 設計檔案 **Ex14.html**：(為本例主網頁，製作核取方塊、且用以驅動 JSP 次網頁，編輯於光碟 C:\BookCldApp\Program\ch05\5_6)

```
01 <HTML>
02 <HEAD>
03 <TITLE>Front Page of Ex14</TITLE>
04 </HEAD>
05 <BODY>
06 <FORM METHOD="post" ACTION="Ex14.jsp">
07 <p align="left">
08 <font size="5"><b>Front Page of Ex14</b></font>
09 </p>
10 <p>  </p>
11 <p align="left">
12 最喜歡的課目：<br>
13 <INPUT TYPE="checkbox" NAME="course" VALUE="程式設計">程式設計
14 <INPUT TYPE="checkbox" NAME="course" VALUE="資料庫">資料庫
15 <INPUT TYPE="checkbox" NAME="course" VALUE="網頁設計">網頁設計<br>
16 <INPUT TYPE="checkbox" NAME="course" VALUE="編譯程式">編譯程式
17 <INPUT TYPE="checkbox" NAME="course" VALUE="演算法">演算法
18 <INPUT TYPE="checkbox" NAME="course" VALUE="數位邏輯">數位邏輯<br>
19 <INPUT TYPE="submit" VALUE="遞送">
20 <INPUT TYPE="reset" VALUE="取消">
21 </p>
22 </FORM>
23 </BODY>
24 </HTML>
```

列 13~18 建立核取方塊。

(2) 設計檔案 **Ex14.jsp**：(為本例次網頁，用以印出主網頁核取方塊之輸入資料)

```
01 <%@ page contentType="text/html;charset=big5" %>
02 <html>
03 <head><title>Ex14</title></head><body>
04 <%
05 request.setCharacterEncoding("big5");
06 String[] val = request.getParameterValues("course");
07 out.println("喜歡的課目： " + "<br>");
08 for(int i=0; i<val.length; i++)
```

```
        out.println(val[i] + "<br>");
09 %>
11 </body>
12 </html>
```

列 06   建立字串矩陣讀取核取方塊之複選資料。

列 08   以 for 迴圈印出核取方塊之複選內容。

(3) 執行檔案 Ex14.html、Ex14.jsp：(參考範例 02)

   (a) 複製 Ex14.html、Ex14.jsp 至目錄：

      C:\Program Files\Java\Tomcat 7.0\webapps\examples。

   (b) 重新啟動 Tomcat。

   (c) 開啟瀏覽器，使用網址http://163.15.40.242:8080/examples/Ex14.html，
      其中 163.15.40.242 為網站主機之 IP，8080 為 port。(注意：讀者實作時
      應將 IP 改成自己雲端網站之 IP)

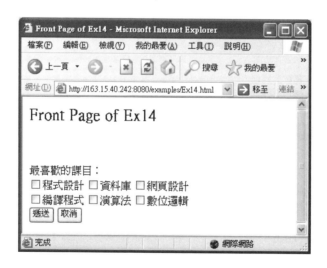

   (d) 選取核取方塊輸入資料 \ 按 遞送。(本例複選程式設計與資料庫)

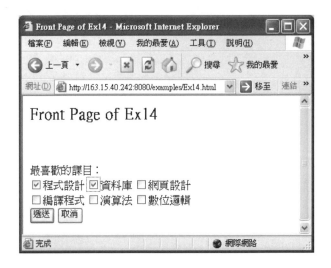

(e) 於雲端網站次網頁印出核取方塊之輸入資料。

5-7 下拉式清單輸入(Select)

我們可於主網頁設計下拉式清單，當使用者端開啟主網頁後，使用者可於下拉式清單作單一選取既定資料，系統自動將資料傳遞至雲端網站次網頁印出。

於主網頁使用 SELECT NAME 設定下拉式清單名稱，使用 OPTION VALUE 設定下拉式清單內容；於雲端網站次網頁使用 getParameter() 讀取下拉式清單之既定內容。

範例 15：於雲端網站設計檔案 Ex15.html、Ex15.jsp，展示網頁鏈接與下拉式清單之互動功能。

(1) 設計檔案 **Ex15.html**：(為本例主網頁，製作下拉式清單、且用以驅動 JSP 次網頁，編輯於光碟 C:\BookCldApp\Program\ch05\5_7)

```
01 <HTML>
02 <HEAD>
03 <TITLE>Front Page of Ex15</TITLE>
04 </HEAD>
05 <BODY>
06 <FORM METHOD="post" ACTION="Ex15.jsp">
07 <p align="left">
08 <font size="5"><b>Front Page of Ex15</b></font>
09 </p>
10 <p>  </p>
11 <p align="left">
12 最喜歡的課目：<br>
13 <SELECT NAME="course">
14 <OPTION VALUE="程式設計">程式設計</OPTION>
15 <OPTION VALUE="資料庫">資料庫</OPTION>
16 <OPTION VALUE="網頁設計">網頁設計</OPTION>
17 <OPTION VALUE="編譯程式">編譯程式</OPTION>
18 <OPTION VALUE="演算法">演算法</OPTION>
19 <OPTION VALUE="數位邏輯">數位邏輯</OPTION>
20 <INPUT TYPE="submit" VALUE="遞送">
21 <INPUT TYPE="reset" VALUE="取消">
22 </p>
23 </FORM>
24 </BODY>
25 </HTML>
```

列 13　　設定下拉式清單名稱。

列 14~19 設定下拉式清單內容。

(2) 設計檔案 **Ex15.jsp**：(為本例次網頁，用以印出主網頁下拉式清單之輸入資料)

```
01 <%@ page contentType="text/html;charset=big5" %>
02 <html>
03 <head><title>Ex15</title></head><body>
04 <%
```

```
05    request.setCharacterEncoding("big5");
06    String val = request.getParameter("course");
07    out.println("最喜歡的課目： " + val );
08  %>
09  </body>
10  </html>
```

列 06   讀取下拉式清單之資料。

列 07   印出讀取之資料。

(3) 執行檔案 Ex15.html、Ex15.jsp：(參考範例 02)

　(a) 複製 Ex15.html、Ex15.jsp 至目錄：

　　　C:\Program Files\Java\Tomcat 7.0\webapps\examples。

　(b) 重新啟動 Tomcat。

　(c) 開啟瀏覽器，使用網址http://163.15.40.242:8080/examples/Ex15.html，
　　　其中 163.15.40.242 為網站主機之 IP，8080 為 port。(注意：讀者實作時
　　　應將 IP 改成自己雲端網站之 IP)

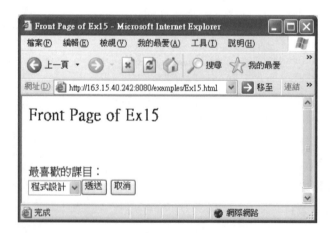

　(d) 於下拉式清單點選資料 \ 按 遞送。(本例選取演算法)

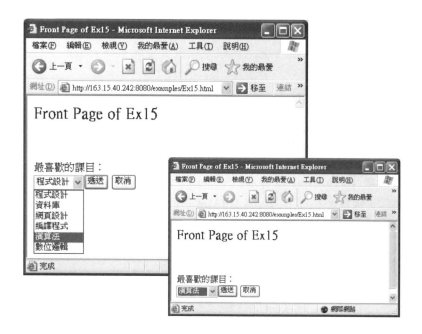

(e) 於雲端網站次網頁印出下拉式清單之選取資料。

5-8 清單方塊輸入(SelectSize)

　　我們於主網頁設計清單方塊，當使用者端開啟主網頁後，使用者可於清單方塊選取單一既定資料，系統自動將資料傳遞至雲端網站次網頁印出。在設計上可分為：(1)單選清單方塊、與(2)複選清單方塊。

於主網頁使用 SELECT NAME SIZE 設定清單方塊名稱，使用 OPTION VALUE 設定清單方塊內容；於雲端網站次網頁使用 getParameter() 讀取清單方塊之既定內容。

範例 16：於雲端網站設計檔案 Ex16.html、Ex16.jsp，**展示網頁鏈接與單選清單方塊之互動功能。**

---

(1) 設計檔案 Ex16.html：(為本例主網頁，製作清單方塊、且用以驅動 JSP 次網頁，編輯於光碟 C:\BookCldApp\Program\ch05\5_8)

```
01 <HTML>
02 <HEAD>
03 <TITLE>Front Page of Ex16</TITLE>
04 </HEAD>
05 <BODY>
06 <FORM METHOD="post" ACTION="Ex16.jsp">
07 <p align="left">
08 <font size="5"><b>Front Page of Ex16</b></font>
09 </p>
10 <p>  </p>
11 <p align="left">
12 最喜歡的課目：<br>
13 <SELECT NAME="course" SIZE="6">
14 <OPTION VALUE="程式設計">程式設計</OPTION>
15 <OPTION VALUE="資料庫">資料庫</OPTION>
16 <OPTION VALUE="網頁設計">網頁設計</OPTION>
17 <OPTION VALUE="編譯程式">編譯程式</OPTION>
18 <OPTION VALUE="演算法">演算法</OPTION>
19 <OPTION VALUE="數位邏輯">數位邏輯</OPTION>
20 <INPUT TYPE="submit" VALUE="遞送">
21 <INPUT TYPE="reset" VALUE="取消">
22 </p>
23 </FORM>
24 </BODY>
25 </HTML>
```

列 13　　設定清單方塊。

列 14~19 設定清單方塊內容。

(2) 設計檔案 Ex16.jsp：(為本例次網頁，用以印出主網頁清單方塊之輸入資料)

```
01 <%@ page contentType="text/html;charset=big5" %>
02 <html>
03 <head><title>Ex16</title></head><body>
04 <%
05  request.setCharacterEncoding("big5");
06  String val = request.getParameter("course");
07  out.println("最喜歡的課目： " + val );
08 %>
09 </body>
10 </html>
```

列 06　　　讀取清單方塊之資料。

列 07　　　印出讀取之資料。

(3) 執行檔案 Ex16.html、Ex16.jsp：(參考範例 02)

　　(a) 複製 Ex16.html、Ex16.jsp 至目錄：

　　　　C:\Program Files\Java\Tomcat 7.0\webapps\examples。

　　(b) 重新啟動 Tomcat。

　　(c) 開啟瀏覽器，使用網址http://163.15.40.242:8080/examples/Ex16.html，
　　　　其中 163.15.40.242 為網站主機之 IP，8080 為 port。(注意：讀者實作時
　　　　應將 IP 改成自己雲端網站之 IP)

(d) 於清單方塊點選資料 \ 按 遞送。(本例選取資料庫)

(e) 於雲端網站次網頁印出清單方塊之選取資料。

5-9 複選清單方塊輸入(SelectSize Multiple)

　　前節之清單方塊僅允許作單一選取，如果稍作修改，即可於主網頁設計複選清單方塊，當使用者端開啟主網頁後，使用者可於複選清單方塊選取多個既定資料，系統自動將資料傳遞至雲端網站次網頁印出。

　　於主網頁使用 SELECT NAME SIZE **MULTIPLE** 設定複選清單方塊名稱，使用 OPTION VALUE 設定複選清單方塊內容；於雲端網站次網頁使用字串矩陣，以 getParameterValues() 讀取複選清單方塊之多個既定內容，再以 for 迴圈印出各複選資料之內容。

範例 17：於雲端網站設計檔案 Ex17.html、Ex17.jsp，展示網頁鏈接與複選清單方塊之互動功能。

---

(1) 設計檔案 Ex17.html：(為本例主網頁，製作複選清單方塊、且用以驅動 JSP 次網頁，編輯於光碟 C:\BookCldApp\Program\ch05\5_9)

```
01 <HTML>
02 <HEAD>
03 <TITLE>Front Page of Ex17</TITLE>
04 </HEAD>
05 <BODY>
06 <FORM METHOD="post" ACTION="Ex17.jsp">
07 <p align="left">
08 <font size="5"><b>Front Page of Ex17</b></font>
09 </p>
10 <p> </p>
11 <p align="left">
12 最喜歡的課目：<br>
13 <SELECT NAME="course" SIZE="6" MULTIPLE>
14 <OPTION VALUE="程式設計">程式設計</OPTION>
15 <OPTION VALUE="資料庫">資料庫</OPTION>
16 <OPTION VALUE="網頁設計">網頁設計</OPTION>
17 <OPTION VALUE="編譯程式">編譯程式</OPTION>
18 <OPTION VALUE="演算法">演算法</OPTION>
19 <OPTION VALUE="數位邏輯">數位邏輯</OPTION>
20 <INPUT TYPE="submit" VALUE="遞送">
21 <INPUT TYPE="reset" VALUE="取消">
22 </p>
23 </FORM>
24 </BODY>
25 </HTML>
```

列 13　　　設定複選清單方塊。

列 14~19 設定複選清單方塊內容。

(2) 設計檔案 Ex17.jsp：(為本例次網頁，用以印出主網頁複選清單方塊之輸入資料)

```jsp
01 <%@ page contentType="text/html;charset=big5" %>
02 <html>
03 <head><title>Ex19</title></head><body>
04 <%
05  request.setCharacterEncoding("big5");
06  String[] val = request.getParameterValues("course");
07  out.println("喜歡的課目：" + "<br>");
08  for(int i=0; i<val.length; i++)
      out.println(val[i] + "<br>");
09 %>
10 </body>
11 </html>
```

列 06 　　建立字串矩陣讀取複選清單方塊之複選資料。

列 08 　　印出複選清單方塊之複選內容。

(3) 執行檔案 Ex17.html、Ex17.jsp：(參考範例 02)

　　(a) 複製 Ex17.html、Ex17.jsp 至目錄：

　　　　C:\Program Files\Java\Tomcat 7.0\webapps\examples。

　　(b) 重新啟動 Tomcat。

　　(c) 開啟瀏覽器，使用網址 http://163.15.40.242:8080/examples/Ex17.html，其中 163.15.40.242 為網站主機之 IP，8080 為 port。(注意：讀者實作時應將 IP 改成自己雲端網站之 IP)

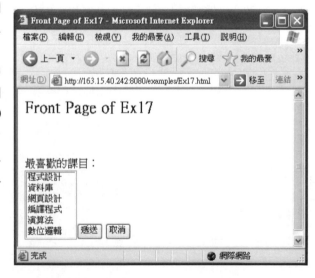

(d) 按住鍵 Ctrl 不放、以滑鼠游標複選清單方塊資料 \ 按 遞送。(本例選取
   資料庫、演算法)

(e) 於雲端網站次網頁印出複選清單方塊之選取資料。

5-10 習題(Exercises)

1、如何以 Get 方法設計網頁驅動鏈接，其優缺點為何？

2、如何以 Post 方法設計網頁驅動鏈接，其優缺點為何？

3、如何設計英文表單傳遞？

4、如何設計中英文表單傳遞？

5、如何設計文字方塊輸入(TextArea)？

6、如何設計選擇鈕輸入(Radio)？

7、如何設計核取方塊輸入(CheckBox)？

8、如何設計下拉式清單輸入(Select)？

9、如何設計清單方塊輸入(SelectSize)？

10、如何設計複選清單方塊輸入(SelectSize Multiple)？

第6章

雲端檔案處理
(Cloud File Processes)

6-1 簡介

　　雲端運算(Cloud Computing) 之主要概念之一，是將原本儲置於本機之檔案資料，轉儲置於雲端網站。可節省本機之儲存空間、與運算代價；因是於雲端網站(Cloud Site) 又可綜合管理眾使用者資料，方便綜合運算，進而緊密合作。

　　使用者(Users) 如何將資料儲存至雲端網站？如何從雲端網站讀取特定資料？如何互動管理雲端網站？本書讀者是使用者(User)，更是設計者(Designer)，為了建立流暢雲端運算環境，我們應先討論設計方法，以解決上述各項問題。

　　本章內容為：使用者(Users) 在任意使用端，對雲端網站(Cloud Site) (1)建立目錄與檔案、(2)檔案資料輸入與讀取、(3)刪除檔案與目錄、(4)展示目錄所屬檔案、(5)檔案複製/移置/傳遞。

6-2 建立雲端目錄與檔案

　　雲端網站管理員(Cloud Site Manager) 於主網頁設計表單，當使用者開啟主網頁後，可於表單輸入新建目錄或檔案之 Path 與 Name，系統捕捉表單內容資料後，傳遞至 JSP 次網頁，依指令之 Path 與 Name，於雲端網站建立新目錄或檔案。

6-2-1 建立目錄(mkdir)

　　於主網頁使用方法 post 驅動次網頁，使用 INPUT TYPE = "text" 建立表單，用以接受輸入之新建目錄 Path 與 Name；於 JSP 次網頁使用 getParameter() 捕捉主網頁表單之內容，使用方法程序 **mkdir()** 建立新目錄。

範例 18：於雲端網站設計檔案 Ex18.html、Ex18.jsp，提供使用者(Users)
以網頁對雲端網站(Cloud Site) 建立新目錄。

(1) 設計檔案 Ex18.html：(為本例主網頁，設定表單接受新建目錄之 Path 與 Name，
驅動 JSP 次網頁執行，編輯於光碟 C:\BookCldApp\Program\ch06\6_2\6_2_1)

```
01 <HTML>
02 <HEAD>
03 <TITLE>Front Page of Ex18</TITLE>
04 </HEAD>
05 <BODY>
06 <FORM METHOD="post" ACTION="Ex18.jsp">
07 <p align="left">
08 <font size="5"><b>Front Page of Ex18</b></font>
09 </p>
10 <p>  </p>
11 <p align="left">
12 輸入新目錄 Path 與 Name<br>
13 <INPUT TYPE="text" NAME="dir" SIZE="40">
14 <INPUT TYPE="submit" VALUE="遞送">
15 </p>
16 </FORM>
17 </BODY>
18 </HTML>
```

列 06　　鏈接驅動 JSP 次網頁。

列 13　　設定表單用以接受新建目錄之 Path 與 Name。

(2) 設計檔案 Ex18.jsp：(為本例次網頁，依主網頁表單內容建立新目錄)

```
01 <%@ page contentType= "text/html;charset=big5" %>
02 <%@ page import = "java.io.*" %>
03 <html>
04 <head><title>Ex18</title></head><body>
05 <%
06  request.setCharacterEncoding("big5");
07  String val = request.getParameter("dir");
08  File f = new File(val);
09  if (f.mkdir())
10    out.print("成功建立目錄 : " + val +"<br>");
11  else
12    out.print("建立目錄失敗" + "<br>");
```

```
13 %>
14 </body>
15 </html>
```

列 07　　　建立字串變數，讀取主網頁輸入之新建檔案 Path 與 Name。

列 08　　　建立檔案處理物件 f。

列 09~12 以方法程序 mkdir() 建立新目錄，並印出執行訊息。

(3) 執行檔案 Ex18.html、Ex18.jsp：(參考範例 02)

　　(a) 複製 Ex18.html、Ex18.jsp 至目錄：

　　　　C:\Program Files\Java\Tomcat 7.0\webapps\examples。

　　(b) 重新啟動 Tomcat。

　　(c) 使用者開啟瀏覽器，使用網址http://163.15.40.242:8080/examples/Ex18.html，
　　　　其中 163.15.40.242 為網站主機之 IP，8080 為 port。(注意：讀者實作
　　　　時應將 IP 改成自己雲端網站之 IP)

　　(d) 輸入新目錄 Path 與 Name \ 按 遞送。(本例為 C:\BookCldApp\Program\
　　　　ch06\cloudDir)

(e) 驅動 JSP 次網頁，並印出執行訊息。

(f) 檢視檔案總管，於路徑 C:\BookCldApp\Program\ch06，已建立新目錄 cloudDir。

6-2-2 建立檔案(creatNewFile)

於主網頁使用 post 驅動次網頁，使用 INPUT TYPE = "text" 建立表單，用以接受輸入之新建檔案 Path 與 Name；於 JSP 網站次網頁使用 getParameter() 捕捉主網頁表單之內容，使用 **createNewFile()** 建立新檔案。

範例 19：於雲端網站設計檔案 Ex19.html、Ex19.jsp，**提供使用者(Users) 以網頁對雲端網站(Cloud Site) 建立檔案。**

---

(1) 設計檔案 Ex19.html：(為本例主網頁，設定表單接受新建檔案之 Path 與 Name，驅動 JSP 次網頁，編輯於光碟 C:\BookCldApp\Program\ch06\6_2\6_2_2)

```
01 <HTML>
02 <HEAD>
03 <TITLE>Front Page of Ex19</TITLE>
04 </HEAD>
05 <BODY>
06 <FORM METHOD="post" ACTION="Ex19.jsp">
07 <p align="left">
08 <font size="5"><b>Front Page of Ex19</b></font>
09 </p>
10 <p>  </p>
11 <p align="left">
12 輸入新檔案 Path 與 Name<br>
13 <INPUT TYPE="text" NAME="fil" SIZE="40">
14 <INPUT TYPE="submit" VALUE="遞送">
15 </p>
16 </FORM>
17 </BODY>
18 </HTML>
```

列 06   鏈接驅動 JSP 次網頁。

列 13   設定表單用以接受新建檔案之 Path 與 Name。

(2) 設計檔案 Ex19.jsp：(為本例次網頁，依主網頁表單內容建立新檔案)

```
01 <%@ page contentType= "text/html;charset=big5" %>
02 <%@ page import = "java.io.*" %>
03 <html>
04 <head><title>Ex19</title></head><body>
```

```
05 <%
06   request.setCharacterEncoding("big5");
07   String val = request.getParameter("fil");
08   File f = new File(val);
09   if (f.createNewFile())
10     out.println("成功建立新檔案 : " + val +"<br>");
11   else
12     out.println("建立新檔案失敗" + "<br>");
13 %>
14 </body>
15 </html>
```

列 07　　建立字串變數，讀取主網頁輸入之新建檔案 Path 與 Name。

列 08　　建立檔案處理物件 f。

列 09~12 以方法程序 createNewFile() 建立檔案，並印出執行訊息。

(3) 執行檔案 Ex19.html、Ex19.jsp：（參考範例 02）

(a) 複製 Ex19.html、Ex19.jsp 至目錄：

C:\Program Files\Java\Tomcat 7.0\webapps\examples。

(b) 重新啟動 Tomcat。

(c) 使用者開啟瀏覽器，使用網址http://163.15.40.242:8080/examples/Ex19.html，
其中 163.15.40.242 為網站主機之 IP，8080 為 port。(注意：讀者實作
時應將 IP 改成自己雲端網站之 IP)

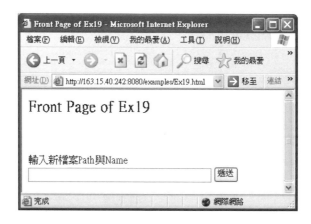

(d) 輸入新目錄 Path 與 Name \ 按 遞送。(本例為 C:\ BookCldApp\Program \ch06\cloudDir\cloud File.txt)

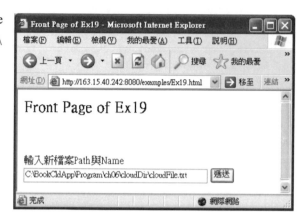

(e) 於 JSP 次網頁印出執 行訊息。

(f) 檢視檔案總管，於路 徑 C:\BookCldApp\ Program\ch06\cloud Dir 已建立新檔案 cloudFile05。

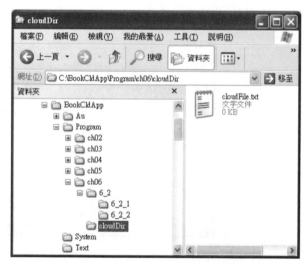

6-3 雲端檔案輸入與讀取

　　雲端網站管理員(Cloud Site Manager)設計檔案輸入網頁,於主網頁設計表單、文字方塊,當使用者開啓主網頁後,可於表單輸入檔案之 Path 與 Name,於文字方塊輸入檔案內容資料,系統自動將該資料寫入指定之檔案。

　　另設計檔案讀出網頁,於主網頁設計表單,當使用者開啓主網頁後,可於表單輸入檔案之 Path 與 Name,系統自動再將該檔案內容資料傳遞至 JSP 次網頁印出。

6-3-1 檔案輸入(write)

　　於主網頁使用 post 驅動次網頁,使用 INPUT TYPE = "text" 建立表單,用以接受檔案之 Path 與 Name,使用 TEXTAREA 建立文字方塊,用以接受檔案之內容資料;於 JSP 次網頁使用 getParameter() 捕捉主網頁表單與文字方塊之內容,使用 **new BufferedWriter (new FileWriter())** 建立檔案寫入物件,再以 **write()** 將資料寫入檔案。

> **範例 20**:於雲端網站設計檔案 Ex20.html、Ex20.jsp,**提供使用者(Users)以網頁對雲端網站(Cloud Site) 輸入檔案資料。**

(1) 設計檔案 Ex20.html:(為本例主網頁,設定表單用以接受指定檔案之 Path 與 Name、設定文字方塊接受要輸入檔案之內容資料,並用以驅動 JSP 次網頁,編輯於光碟 C:\BookCldApp\Program\ch06\6_3\6_3_1)

```
01 <HTML>
02 <HEAD>
03 <TITLE>Front Page of Ex20</TITLE>
04 </HEAD>
05 <BODY>
06 <FORM METHOD="post" ACTION="Ex20.jsp">
07 <p align="left">
08 <font size="5"><b>Front Page of Ex20</b></font>
09 </p>
10 <p>  </p>
```

```
11 <p align="left">
12 輸入檔案 Path 與 Name  :<br>
13 <INPUT TYPE="text" NAME="fil" SIZE="40"><br>
14 輸入檔案資料:<br>
15 <TEXTAREA NAME="filedata" ROWS="3" COLS="40"></TEXTAREA><br>
16 <INPUT TYPE="submit" VALUE="遞送">
17 <INPUT TYPE="reset" VALUE="取消">
18 </p>
19 </FORM>
20 </BODY>
21 </HTML>
```

列 06   鏈接驅動 JSP 網站次網頁。

列 13   建立表單用以接受檔案之 Path 與 Name。

列 15   建立文字方塊用以接受輸入檔案之資料。

(2) 設計檔案 Ex20.jsp:(為本例次網頁,依主網頁表單、文字方塊之內容作
檔案輸入)

```
01 <%@ page contentType= "text/html;charset=big5" %>
02 <%@ page import = "java.io.*" %>
03 <html>
04 <head><title>Ex20</title></head><body>
05 <%
06  request.setCharacterEncoding("big5");
07  String val_fil = request.getParameter("fil");
08  String val_filedata = request.getParameter("filedata");
09  BufferedWriter fout = new BufferedWriter(new FileWriter(val_fil));

10  fout.write(val_filedata);
11  fout.newLine();
12  fout.close();

13  out.print("已成功將資料寫入檔案");
14 %>
15 </body>
16 </html>
```

列 07   建立字串變數,讀取主網頁輸入表單之檔案 Path 與 Name。

列 08   建立字串變數,讀取主網頁輸入文字方塊之資料。

列 09   建立檔案寫入物件 fout。

列 10　　　以方法程序 fout.write() 將文字方塊之資料寫入檔案。

(3) 執行檔案 Ex20.html、Ex20.jsp：(參考範例 02)

(a) 複製 Ex20.html、Ex20.jsp 至目錄：

C:\Program Files\Java\Tomcat 7.0\webapps\examples。

(b) 重新啟動 Tomcat。

(c) 使用者開啟瀏覽器，使用網址http://163.15.40.242:8080/examples/Ex20.html，
其中 163.15.40.242 為網站主機之 IP，8080 為 port。(注意：讀者實作
時應將 IP 改成自己雲端網站之 IP)

(d) 輸入新目錄 Path 與 Name \ 按 **遞送**。(本例為 C:\BookCldApp\Program\
ch06\cloudDir\cloudFile.txt 與 English Data 中文資料)

(e) 於 JSP 次網頁印出執行訊息。

(f) 檢視雲端檔案 cloudFile.txt。

6-3-2 檔案讀取(read)

於主網頁使用 post 驅動次網頁，使用 INPUT TYPE = "text" 建立表單，用以接受檔案之 Path 與 Name；於 JSP 次網頁使用 getParameter() 捕捉主網頁表單之內容，使用 **new BufferedReader(new FileReader())** 建立檔案讀取物件，再以 **read()** 讀取檔案資料。

一般來言，因檔案結束符號為-1，故設計讀取檔案時，我們應以 Integer 來處理檔案內容，再視需要將內容轉型成 char，即可以字元印出文字內容。

範例 21：於雲端網站設計檔案 Ex21.html、Ex21.jsp，**提供使用者(Users) 以網頁對雲端網站(Cloud Site) 讀取檔案資料。**

---

(1) 設計檔案 Ex21.html：(為本例主網頁，設定表單接受讀取指定檔案之 Path 與 Name，驅動 JSP 次網頁，編輯於光碟 C:\BookCldApp\Program\ch06\6_3\6_3_2)

```
01 <HTML>
02 <HEAD>
03 <TITLE>Front Page of Ex21</TITLE>
04 </HEAD>
05 <BODY>
06 <FORM METHOD="post" ACTION="Ex21.jsp">
07 <p align="left">
08 <font size="5"><b>Front Page of Ex21</b></font>
09 </p>
10 <p> </p>
11 <p align="left">
12 輸入檔案 Path 與 Name<br>
13 <INPUT TYPE="text" NAME="fil" SIZE="40"><br>
14 <INPUT TYPE="submit" VALUE="遞送">
15 <INPUT TYPE="reset" VALUE="取消">
16 </p>
17 </FORM>
18 </BODY>
19 </HTML>
```

列 06 　　鏈接驅動 JSP 次網頁。

列 13　　　建立表單用以接受檔案之 Path 與 Name。

(2) 設計檔案 Ex21.jsp：(為本例次網頁，依主網頁表單之內容作檔案讀取)

```
01 <%@ page contentType= "text/html;charset=big5" %>
02 <%@ page import = "java.io.*" %>
03 <html>
04 <head><title>Ex21</title></head><body>
05 <%
06   request.setCharacterEncoding("big5");
07   String val_fil = request.getParameter("fil");
08   BufferedReader fin = new BufferedReader(new FileReader(val_fil));
09   int msg;

10   while ((msg = fin.read()) != -1)
11     out.println((char)msg);

12   fin.close();
13 %>
14 </body>
15 </html>
```

列 07　　　建立字串變數，讀取主網頁輸入表單之檔案 Path 與 Name。

列 08　　　建立檔案讀取物件 fin。

列 09　　　宣告讀取變數，以 Integer 處理檔案內容。

列 10　　　以方法程序 fin.read() 讀取檔案內容。(其中-1 為檔案結束符號)

列 11　　　將檔案內容轉型成 char 印於次網頁。

(3) 執行檔案 Ex21.html、Ex21.jsp：(參考範例 02)

(a) 複製 Ex21.html、Ex21.jsp 至目錄：

C:\Program Files\Java\Tomcat 7.0\webapps\examples。

(b) 重新啟動 Tomcat。

(c) 使用者開啟瀏覽器，使用網址http://163.15.40.242:8080/examples/Ex21.html，
其中 163.15.40.242 為網站主機之 IP，8080 為 port。(注意：讀者實作
時應將 IP 改成自己雲端網站之 IP)

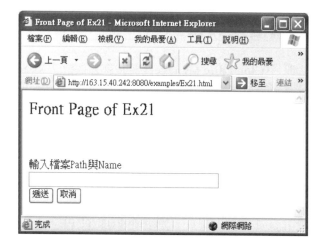

(d) 輸入檔案 Path 與 Name \ 按 遞送。(本例為 C:\BookCldApp\Program\
ch06\cloudDir \cloudFile.txt)

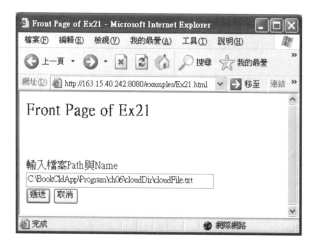

(e) 於 JSP 次網頁印出執行結果。(已讀取檔案資料)

6-4 刪除雲端檔案與目錄

　　雲端網站管理員(Cloud Site Manager) 於主網頁設計表單，當使用者開啟主網頁後，可於表單輸入要刪除目錄或檔案之 Path 與 Name，系統捕捉表單內容資料後，傳遞至 JSP 次網頁，依指令之 Path 與 Name，於雲端網站刪除目錄或檔案。

6-4-1 刪除檔案(deleteFile)

　　於主網頁使用 post 驅動次網頁，使用 INPUT TYPE = "text" 建立表單，用以接受輸入之檔案 Path 與 Name；於雲端網站次網頁使用 getParameter() 捕捉主網頁表單之內容，使用 **delete()** 刪除檔案。

範例 22：於雲端網站設計檔案 Ex22.html、Ex22.jsp，**提供使用者(Users) 以網頁對雲端網站(Cloud Site) 刪除指定檔案。**

---

(1) 設計檔案 Ex22.html：(為本例主網頁，設定表單接受要刪除檔案之 Path 與 Name，驅動 JSP 次網頁執行，編輯於光碟 C:\BookCldApp\Program\ ch06\6_4\6_4_1)

```
01 <HTML>
02 <HEAD>
03 <TITLE>Front Page of Ex22</TITLE>
04 </HEAD>
05 <BODY>
06 <FORM METHOD="post" ACTION="Ex22.jsp">
07 <p align="left">
08 <font size="5"><b>Front Page of Ex22</b></font>
09 </p>
10 <p>  </p>
11 <p align="left">
12 輸入檔案 Path 與 Name<br>
13 <INPUT TYPE="text" NAME="fil" SIZE="40"><br>
14 <INPUT TYPE="submit" VALUE="遞送">
15 <INPUT TYPE="reset" VALUE="取消">
16 </p>
17 </FORM>
```

```
18 </BODY>
19 </HTML>
```

列 06   鏈接驅動 JSP 次網頁。

列 13   設定表單用以接受檔案之 Path 與 Name。

(2) 設計檔案 Ex22.jsp：(為本例次網頁，依主網頁表單之內容作檔案刪除)

```
01 <%@ page contentType= "text/html;charset=big5" %>
02 <%@ page import = "java.io.*" %>
03 <html>
04 <head><title>Ex22</title></head><body>
05 <%
06   request.setCharacterEncoding("big5");
07   String val = request.getParameter("fil");
08   File f = new File(val);

09   if (f.delete())
10     out.print("成功刪除檔案 : " + val +"<br>");
11   else
12     out.print("刪除檔案失敗" + "<br>");
13 %>
14 </body>
15 </html>
```

列 07   建立字串變數，讀取主網頁輸入之檔案 Path 與 Name。

列 08   建立檔案處理物件 f。

列 09~12 以方法程序 delete() 刪除檔案，並印出執行訊息。

(3) 執行檔案 Ex22.html、Ex22.jsp：(參考範例 02)

  (a) 複製 Ex22.html、Ex22.jsp 至目錄：

     C:\Program Files\Java\Tomcat 7.0\webapps\examples。

  (b) 重新啟動 Tomcat。

  (c) 使用者開啟瀏覽器，使用網址http://163.15.40.242:8080/examples/Ex22.html，
     其中 163.15.40.242 為網站主機之 IP，8080 為 port。(注意：讀者實作
     時應將 IP 改成自己雲端網站之 IP)

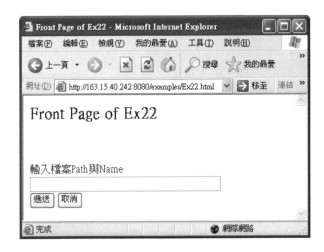

(d) 輸入檔案 Path 與 Name \ 按 遞送。(本例為 C:\BookCldApp\Program\ ch06\cloudDir\cloudFile.txt)

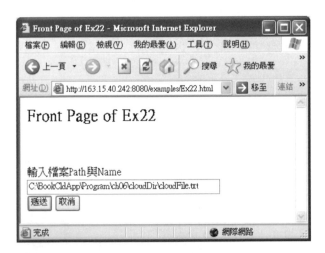

(e) 於 JSP 次網頁印出執行訊息。(已刪除檔案)

(f) 檢視檔案總管，已刪除檔案 C:\BookCldApp\Program\ch06\cloudDir\cloudFile.txt。

6-4-2 刪除目錄(deleteDir)

於主網頁使用 post 驅動次網頁，使用 INPUT TYPE = "text" 建立表單，用以接受輸入之目錄 Path 與 Name；於雲端網站次網頁使用 getParameter() 捕捉主網頁表單之內容，使用 **delete()** 刪除目錄。

範例 23：於雲端網站設計檔案 Ex23.html、Ex23.jsp，**提供使用者(Users) 以網頁對雲端網站(Cloud Site) 刪除指定目錄。**

---

(1) 設計檔案 Ex23.html：(為本例主網頁，設定表單接受要刪除目錄之 Path 與 Name，並用以驅動 JSP 次網頁，編輯於光碟 C:\BookCldApp\Program\ch06\6_4\6_4_2)

```
01 <HTML>
02 <HEAD>
03 <TITLE>Front Page of Ex23</TITLE>
04 </HEAD>
05 <BODY>
06 <FORM METHOD="post" ACTION="Ex23.jsp">
07 <p align="left">
08 <font size="5"><b>Front Page of Ex23</b></font>
09 </p>
10 <p>  </p>
11 <p align="left">
12 輸入檔案 Path 與 Name<br>
13 <INPUT TYPE="text" NAME="dir" SIZE="40"><br>
14 <INPUT TYPE="submit" VALUE="遞送">
15 <INPUT TYPE="reset" VALUE="取消">
16 </p>
17 </FORM>
18 </BODY>
19 </HTML>
```

列 06　　鏈接驅動 JSP 次網頁。

列 13　　設定表單用以接受目錄之 Path 與 Name。

(2) 設計檔案 Ex23.jsp：(為本例次網頁，依主網頁表單之內容作目錄刪除)

```
01 <%@ page contentType= "text/html;charset=big5" %>
02 <%@ page import = "java.io.*" %>
03 <html>
04 <head><title>Ex23</title></head><body>
05 <%
06  request.setCharacterEncoding("big5");
07  String val = request.getParameter("dir");
08  File f = new File(val);

09  if (f.delete())
10    out.print("成功刪除目錄 : " + val +"<br>");
11  else
12    out.print("刪除目錄失敗" + "<br>");
13 %>
14 </body>
15 </html>
```

列 07   建立字串讀取主網頁輸入之目錄 Path 與 Name。

列 08   建立檔案處理物件 f。

列 09~12 以方法程序 delete() 刪除目錄，並印出執行訊息。

(3) 執行檔案 Ex23.html、Ex23.jsp：(參考範例 02)

  (a) 複製 Ex23.html、Ex23.jsp 至目錄：

     C:\Program Files\Java\Tomcat 7.0\webapps\examples。

  (b) 重新啟動 Tomcat。

  (c) 使用者開啟瀏覽器，使用網址http://163.15.40.242:8080/examples/Ex23.html，
     其中 163.15.40.242 為網站主機之 IP，8080 為 port。(注意：讀者實作
     時應將 IP 改成自己雲端網站之 IP)

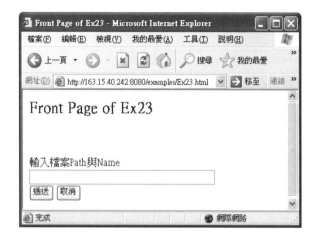

(d) 輸入檔案 Path 與 Name \ 按 遞送。(本例為 C:\BookCldApp\Program\ch06\cloudDir)

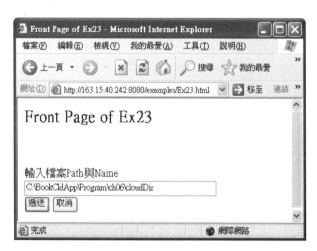

(e) 於 JSP 網站次網頁印出執行訊息。(已刪除目錄)

(f) 檢視檔案總管，已刪除目錄 C:\BookCloud\Program\cloudDir05。

6-5 展示雲端目錄所屬檔案(Cloud Directory's Files)

　　如同 Windows 作業系統之檔案總管，為了讓使用者(Users) 對雲端檔案 (Cloud Files) 容易掌握運用，可於雲端設計網頁程式，使用者於遠端開啟網頁，輸入特定目錄路徑(Path)，即可一目了然地觀察該目錄內之檔案與次目錄。

範例 24：於雲端網站設計檔案 Ex24.html、Ex24.jsp，**提供使用者(Users) 以網頁觀察雲端特定目錄內之檔案與次目錄。**

---

(1) 設計檔案 Ex24.html：(為本例主網頁，設定表單用以接受特定目錄，並用以驅動 JSP 次網頁，編輯於光碟 C:\BookCldApp\Program\ch06\6_5)

```
01 <HTML>
02 <HEAD>
03 <TITLE>Front Page of Ex24</TITLE>
04 </HEAD>
05 <BODY>
06 <FORM METHOD="post" ACTION="Ex24.jsp">
07 <p align="left">
08 <font size="5"><b>Front Page of Ex24 搜尋目錄檔案</b></font>
09 </p>
10 <p>  </p>
11 <p align="left">
12 輸入特定目錄 Pathe<br>
13 <INPUT TYPE="text" NAME="dir" SIZE="40">
14 <INPUT TYPE="submit" VALUE="遞送">
15 </p>
16 </FORM>
17 </BODY>
18 </HTML>
```

列 06　　鏈接驅動 JSP 次網頁。

列 13　　設定表單用以接受特定目錄之路徑。

(2) 設計檔案 Ex24.jsp：(為本例次網頁，依主網頁表單之內容作目錄檔案列出)

```
01 <%@ page contentType= "text/html;charset=big5" %>
02 <%@ page import = "java.io.*" %>
03 <html>
04 <head><title>Ex24</title></head><body>
05 <%
06  request.setCharacterEncoding("big5");
07  String val = request.getParameter("dir");
08  File f = new File(val);
09  String dirFiles[] = f.list();

10  out.print(val + " : " + "<br>");
11  int i;
12  for(i = 0; i < dirFiles.length; i++)
13     out.print( dirFiles[i] + "<br>");
14 %>
15 </body>
16 </html>
```

列 07　　建立字串變數，讀取主網頁輸入之目錄路徑。

列 08　　建立檔案處理物件 f。

列 09　　建立矩陣字串變數，接受讀取之檔案與次目錄。

列 12~13 讀取特定目錄所屬之檔案與次目錄，並印出之。

(3) 執行檔案 Ex24.html、Ex24.jsp：(參考範例 02)

　　(a) 複製 Ex24.html、Ex24.jsp 至目錄：

　　　　C:\Program Files\Java\Tomcat 7.0\webapps\examples。

　　(b) 重新啟動 Tomcat。

　　(c) 使用者開啟瀏覽器，使用網址http://163.15.40.242:8080/examples/Ex24.html，
　　　　其中 163.15.40.242 為網站主機之 IP，8080 為 port。(注意：讀者實作
　　　　時應將 IP 改成自己雲端網站之 IP)

(d) 輸入特定目錄路徑 \ 按 遞送。(本例為 C:\BookCldApp\Program\
ch06\6_5,讀者更改使用自己雲端之特定目錄)

(e) 於 JSP 次網頁印出執行結果。

6-6 雲端檔案複製/移置/傳遞(File copy/move/transfer)

使用者為了交換檔案內容、合作檔案內容,可能需將雲端檔案,穿梭於不同目錄;檔案內容,穿梭於不同檔案。執行複製(Copy)、移置(Move)、與傳遞(Transfer)。

(1) **檔案複製(File Coping)**:將檔案 A 內容,複製至其他路徑目錄之新建檔案 B,保留原檔案 A。

(2) **檔案移置(File Moving)**:將檔案 A 內容,複製至其他路徑目錄之新建檔案 B、刪除原檔案 A。

(3) **檔案傳遞(File Transferring)**:(a)將檔案 A 內容傳遞至其他檔案 B,更新檔案 B 內容為:合併檔案 A 與 B 之內容,保留原檔案 A;(b)將檔案 A、B 內容合併傳遞至其他新建檔案 C,保留原檔案 A、B。

6-6-1 檔案複製(File Coping)

為了靈活使用檔案,使用者應可從遠端執行雲端檔案複製,將特定雲端檔案複製到其他雲端目錄,使其有適當之執行環境。

如前述,檔案複製(File Coping) 是將檔案 A 之名稱內容,複製至其他路徑目錄之新建檔案 B,並保留原檔案 A。我們可依 Java 物件導向特性,設計檔案 A、B 之物件,再以該物件執行檔案之讀取與寫入,即可完成檔案複製。本節將以範例 25,介紹如何設計程式?使用者(Users) 如何執行雲端檔案複製?

範例 25：於雲端網站設計檔案 Ex25.html、Ex25.jsp，提供使用者(Users)
以網頁複製雲端特定檔案。

(1) 設計檔案 Ex25.html：(為本例主網頁，設定表單用以接受原檔案 A、與複製
檔案 B 之名稱與路徑，並用以驅動 JSP 次網頁，編輯於光碟 C:\BookCldApp\
Program\ch06\6_6\6_6_1)

```
01 <HTML>
02 <HEAD>
03 <TITLE>Front Page of Ex25</TITLE>
04 </HEAD>
05 <BODY>
06 <FORM METHOD="post" ACTION="Ex25.jsp">
07 <p align="left">
08 <font size="5"><b>Front Page of Ex25 檔案複製</b></font>
09 </p>
10 <p>   </p>
11 <p align="left">
12 輸入原檔案 A 之 Path 與 Name<br>
13 <INPUT TYPE="text" NAME="f_Old" SIZE="45"><br>
14 輸入複製檔案 B 之 Path 與 Name<br>
15 <INPUT TYPE="text" NAME="f_New" SIZE="45"><br>
16 <INPUT TYPE="submit" VALUE="遞送">
17 <INPUT TYPE="reset" VALUE="取消">
18 </p>
19 </FORM>
20 </BODY>
21 </HTML>
```

列 06　　　鏈接驅動 JSP 次網頁。

列 13　　　設定表單用以接受原檔案 A 之名稱與路徑。

列 15　　　設定表單用以接受複製檔案 B 之名稱與路徑。

(2) 設計檔案 Ex25.jsp：(為本例次網頁，依主網頁表單之內容，將檔案 A 之
名稱與內容，複製至檔案 B)

```
01 <%@ page contentType= "text/html;charset=big5" %>
02 <%@ page import = "java.io.*" %>
03 <html>
04 <head><title>Ex25</title></head><body>
05 <%
```

```
06  request.setCharacterEncoding("big5");
07  String val_fOld = request.getParameter("f_Old");
08  String val_fNew = request.getParameter("f_New");
```

//建立新檔案
```
09  File fNew = new File(val_fNew);
10  if (fNew.createNewFile())
11    out.print("成功建立新檔案" + val_fNew + "<br>");
```

//複製檔案
```
12  BufferedReader bfOld = new BufferedReader(new FileReader(val_fOld));
13  BufferedWriter bfNew = new BufferedWriter(new FileWriter(val_fNew));
14  int msg;
15  while ((msg = bfOld.read()) != -1)
16    bfNew.write((char)msg);

17  out.print("成功複製檔案" + "<br>");

18  bfOld.close();
19  bfNew.close();
20  %>
21  </body>
22  </html>
```

列 07~08 建立字串變數，讀取主網頁表單輸入之名稱與路徑。

列 09~11 建立新檔案。

列 09 　　依主網頁表單輸入之名稱路徑，建立新檔案物件。

列 10~11 以新檔案物件建立新檔案，並印出執行訊息。

列 12~17 複製原檔案至新檔案。

列 12~13 建立檔案 A、B 之緩衝器物件。

列 14~16 讀取檔案 A 之內容，複製至檔案 B。

(3) 建立測試檔案 fileCopy.txt：

本例於目錄 C:\BookCldApp\Program\ch06\6_6\test1 建立 fileCopy.txt：

(4) 執行檔案 Ex25.html、Ex25.jsp：(參考範例 02)

(a) 複製 Ex25.html、Ex25.jsp 至目錄：

C:\Program Files\Java\Tomcat 7.0\webapps\examples。

(b) 重新啟動 Tomcat。

(c) 使用者開啟瀏覽器，使用網址http://163.15.40.242:8080/examples/Ex25.html，
其中 163.15.40.242 為網站主機之 IP，8080 為 port。(注意：讀者實作
時應將 IP 改成自己雲端網站之 IP)

(d) 輸入原檔案 A (本例為 C:\BookCldApp\Program\ch06\6_6\test1\
fileCopy.txt)

輸入複製檔案 B (本例為 C:\BookCldApp\Program\ch06\6_6\test2\
fileCopy.txt，讀者應使用自己雲端之檔案名稱路徑)

(e) 於 JSP 次網頁印出執行訊息。

(f) 檢視執行結果，確認已完成雲端檔案複製。

(4) 討論事項：

因記事本(Notepad) 為樸實且有良好效果之檔案型態，本章範例檔案均以記事本(Notepad) 編撰。

6-6-2 檔案移置(File Moving)

雲端檔案移置(File Moving) 與前節檔案複製(File Coping) 類似，不同者是前節保留原檔案、本節刪除原檔案。

　　檔案移置(File Moving) 是將雲端特定檔案移置(Move) 至其他雲端目錄，使其有適當之執行環境。亦即將檔案 A，複製至其他路徑目錄新建之檔案 B，再刪除原檔案 A。

　　我們可依 Java 物件導向特性，設計檔案 A、B 之物件，再以該物件執行檔案之讀取(Read)、寫入(Write)、刪除(Delete)，即可完成檔案移置。本節將以範例 26，介紹如何設計程式？使用者(Users) 如何執行雲端檔案移置？

範例 26： 於雲端網站設計檔案 Ex26.html、Ex26.jsp，**提供使用者(Users)
以網頁移置雲端特定檔案。**

---

(1) 設計檔案 Ex26.html：(為本例主網頁，設定表單用以接受原檔案 A、與移置
　　檔案 B 之名稱與路徑，並用以驅動 JSP 次網頁，編輯於光碟 C:\BookCldApp\
　　Program\ch06\6_6\6_6_2)

```
01 <HTML>
02 <HEAD>
03 <TITLE>Front Page of Ex26</TITLE>
04 </HEAD>
05 <BODY>
06 <FORM METHOD="post" ACTION="Ex26.jsp">
07 <p align="left">
08 <font size="5"><b>Front Page of Ex26 檔案移置</b></font>
09 </p>
10 <p>  </p>
11 <p align="left">
12 輸入原檔案 Path 與 Name<br>
13 <INPUT TYPE="text" NAME="f_Old" SIZE="45"><br>
14 輸入移置檔案 Path 與 Name<br>
15 <INPUT TYPE="text" NAME="f_New" SIZE="45"><br>
16 <INPUT TYPE="submit" VALUE="遞送">
17 <INPUT TYPE="reset" VALUE="取消">
18 </p>
19 </FORM>
20 </BODY>
21 </HTML>
```

列 06　　鏈接驅動 JSP 次網頁。

列 13　　設定表單用以接受原檔案 A 之名稱與路徑。

列 15　　　設定表單用以接受移置檔案 B 之名稱與路徑。

(2) 設計檔案 Ex26.jsp：(為本例次網頁，依主網頁表單之內容，將檔案 A 之名稱與內容，移置至檔案 B、再刪除檔案 A)

```
01 <%@ page contentType= "text/html;charset=big5" %>
02 <%@ page import = "java.io.*" %>
03 <html>
04 <head><title>Ex26</title></head><body>
05 <%
06   request.setCharacterEncoding("big5");

//讀取主網頁表單輸入之內容
07   String val_fOld = request.getParameter("f_Old");
08   String val_fNew = request.getParameter("f_New");

//建立新檔案
09   File fNew = new File(val_fNew);
10   if (fNew.createNewFile())
11     out.print("成功建立新檔案" + val_fNew +"<br>");

//複製原檔案至新建檔案
12 BufferedReader bfOld = new BufferedReader(new FileReader(val_fOld));
13 BufferedWriter bfNew = new BufferedWriter(new FileWriter(val_fNew));
14   int msg;
15   while ((msg = bfOld.read()) != -1)
16     bfNew.write((char)msg);

17   out.print("成功移置檔案" + "<br>");
18   bfOld.close();
19   bfNew.close();

//刪除原檔案
20   File fOld = new File(val_fOld);
21   if (fOld.delete())
22     out.print("成功刪除原檔案" + val_fOld + "<br>");
23 %>
24 </body>
25 </html>
```

列 07~08 建立字串變數，讀取主網頁表單輸入之名稱與路徑。

列 09~11 建立新檔案。

列 09 　　依主網頁表單輸入之名稱路徑，建立新檔案物件。

列 10~11 以新檔案物件建立新檔案，並印出執行訊息。

列 12~17 複製原檔案至新檔案。

列 12~13 建立檔案 A、B 之緩衝器物件。

列 14~16 讀取檔案 A 之內容，複製至檔案 B。

列 20~22 刪除檔案 A。

列 20 　　建立檔案 A 物件。

列 21~22 以檔案 A 物件刪除檔案 A。

(3) 建立測試檔案 fileMove.txt：

本例於目錄 C:\BookCldApp\Program\ch06\6_6\test1 建立 fileMove.txt：

(4) 執行檔案 Ex26.html、Ex26.jsp：(參考範例 02)

(a) 複製 Ex26.html、Ex26.jsp 至目錄：

C:\Program Files\Java\Tomcat 7.0\webapps\examples。

(b) 重新啟動 Tomcat。

(c) 使用者開啟瀏覽器，使用網址http://163.15.40.242:8080/examples/Ex26.html，
其中 163.15.40.242 為網站主機之 IP，8080 為 port。(注意：讀者實作
時應將 IP 改成自己雲端網站之 IP)

(d) 輸入原檔案 A（本例為 C:\BookCldApp\Program\ch06\6_6\test1\fileMove.txt）

輸入複製檔案 B（本例為 C:\BookCldApp\Program\ch06\6_6\test2\fileMove.txt，讀者應使用自己雲端之檔案名稱路徑）

(e) 於 JSP 次網頁印出執行訊息。

(f) 檢視執行結果，已完成雲端檔案移置。

6-6-3 檔案傳遞(File Transferring)

雖然我們已討論雲端檔案(Cloud Files) 之複製(Copy) 與移置(Move)，但尚未能滿足雲端運算之合作意義。本節介紹檔案傳遞(File Transferring)，使用者 x(User x) 與使用者 y(User y) 將資料(Information) 寫入同一檔案，可令不同資料在同一檔案內直接相互合作、運算、支援、執行。

檔案傳遞(File Transferring) 可分為兩類：(a)AB 檔案傳遞，將檔案 A 內容傳遞至其他檔案 B，合併檔案 A 與 B 之內容，用於更新檔案 B 內容，保留原檔案 A(如範例 27)；(b) ABC 檔案傳遞，將檔案 A、B 內容合併傳遞至其他新建檔案 C，保留原檔案 A、B(如範例 28)。

> **範例 27**：於雲端網站設計檔案 Ex27.html、Ex27.jsp，**提供使用者(Users)以網頁執行雲端 AB 檔案傳遞。**

(1) 設計檔案 Ex27.html：(為本例主網頁，設定表單用以接受檔案 A、檔案 B之名稱與路徑，並用以驅動 JSP 次網頁，編輯於光碟 C:\BookCldApp\Program\ch06\6_6\6_6_3\6_6_3_27)

```
01 HTML>
02 <HEAD>
03 <TITLE>Front Page of Ex27</TITLE>
04 </HEAD>
05 <BODY>
```

```
06 <FORM METHOD="post" ACTION="Ex27.jsp">
07 <p align="left">
08 <font size="5"><b>Front Page of Ex27  AB 檔案傳遞</b></font>
09 </p>
10 <p>   </p>
11 <p align="left">
12 輸入檔案 A 之 Path 與 Name<br>
13 <INPUT TYPE="text" NAME="f_A" SIZE="45"><br>
14 輸入檔案 B 之 Path 與 Name<br>
15 <INPUT TYPE="text" NAME="f_B" SIZE="45"><br>
16 <INPUT TYPE="submit" VALUE="遞送">
17 <INPUT TYPE="reset" VALUE="取消">
18 </p>
19 </FORM>
20 </BODY>
21 </HTML>
```

列 06　　　鏈接驅動 JSP 次網頁。

列 13　　　設定表單用以接受檔案 A 之名稱與路徑。

列 15　　　設定表單用以接受檔案 B 之名稱與路徑。

(2) 設計檔案 Ex27.jsp：(為本例次網頁，依主網頁表單之內容，將檔案 A 內容傳遞至檔案 B，使檔案 B 內容為兩者之合併內容)

```
01 <%@ page contentType= "text/html;charset=big5" %>
02 <%@ page import = "java.io.*" %>
03 <html>
04 <head><title>Ex27</title></head><body>
05 <%
06  request.setCharacterEncoding("big5");

//讀取主網頁表單內容
07  String val_fA = request.getParameter("f_A");
08  String val_fB = request.getParameter("f_B");

//讀取檔案 AB 內容
09  int msgInt_A, msgInt_B;
10  char msgCh_A, msgCh_B;
11  String msgStr_A= "", msgStr_B= "";

12  BufferedReader bfRead_A = new BufferedReader(new
    FileReader(val_fA));
```

```
13  BufferedReader bfRead_B = new BufferedReader(new
    FileReader(val_fB));

14  while ((msgInt_A = bfRead_A.read()) != -1) {
15      msgCh_A = (char)msgInt_A;
16      msgStr_A = msgStr_A + msgCh_A;
17  }
18  out.print("成功讀取檔案A" + "<br>");

19  while ((msgInt_B = bfRead_B.read()) != -1) {
20      msgCh_B = (char)msgInt_B;
21      msgStr_B = msgStr_B + msgCh_B;
22  }
23  out.print("成功讀取檔案B" + "<br>");

24  bfRead_A.close();
25  bfRead_B.close();

//將合併內容寫入檔案B
26  BufferedWriter bfWrite_B = new BufferedWriter(new
    FileWriter(val_fB));

27  bfWrite_B.write(msgStr_A + msgStr_B);
28  out.print("成功傳遞檔案A至檔案B" + "<br>");

29  bfWrite_B.close();
30  %>
31  </body>
32  </html>
```

列 07~08 建立字串變數,讀取主網頁表單輸入之名稱與路徑。

列 09~25 讀取檔案 A、B 之內容。

列 09~11 宣告。

列 12~13 建立檔案 A、B 之讀取物件。

列 14~18 讀取檔案 A 之內容,並印出執行訊息。

列 19~23 讀取檔案 B 之內容,並印出執行訊息。

列 26~29 將合併資料寫入檔案 B。

列 26　　建立檔案 B 寫入物件。

列 27~28 將合併資料寫入檔案 B，並印出執行訊息。

(3) 建立測試檔案 fileTA.txt、fileTB.txt：

本例於目錄 C:\BookCldApp\Program\ch06\6_6\test1 建立 fileTA.txt 與 fileTB.txt。(如本書光碟)

(4) 執行檔案 Ex27.html、Ex27.jsp：(參考範例 02)

(a) 複製 Ex27.html、Ex27.jsp 至目錄：

C:\Program Files\Java\Tomcat 7.0\webapps\examples。

(b) 重新啟動 Tomcat。

(c) 使用者開啟瀏覽器，使用網址http://163.15.40.242:8080/examples/Ex27.html，其中 163.15.40.242 為網站主機之 IP，8080 為 port。(注意：讀者實作時應將 IP 改成自己雲端網站之 IP)

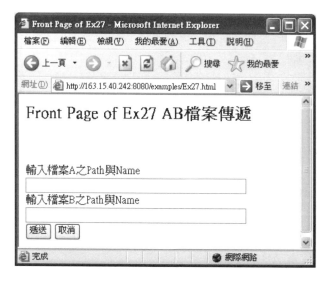

(d) 輸入檔案 A (本例為 C:\BookCldApp\Program\ch06\6_6\test1\fileTA.txt)

輸入檔案 B (本例為 C:\BookCldApp\Program\ch06\6_6\test1\fileTB.txt，讀者應使用自己雲端之檔案名稱路徑)

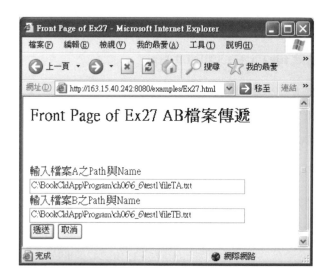

(e) 於 JSP 次網頁印出執行訊息。

(f) 檢視執行結果，已完成將雲端檔案 A、B 之合併內容輸入檔案 B。

範例 28：於雲端網站設計檔案 Ex28.html、Ex28.jsp，提供使用者(Users)
以網頁執行雲端 **ABC** 檔案傳遞。

---

(1) 設計檔案 **Ex28.html**：(為本例主網頁，設定表單用以接受檔案 A、檔案 B、
　　檔案 C 之名稱與路徑，並用以驅動 JSP 次網頁，編輯於光碟 C:\BookCldApp\
　　Program\ch06\6_6\6_6_3\6_6_3_28)

```
01 <HTML>
02 <HEAD>
03 <TITLE>Front Page of Ex28</TITLE>
```

```
04 </HEAD>
05 <BODY>
06 <FORM METHOD="post" ACTION="Ex28.jsp">
07 <p align="left">
08 <font size="5"><b>Front Page of Ex28  ABC 檔案傳遞</b></font>
09 </p>
10 <p>  </p>
11 <p align="left">
12 輸入檔案 A 之 Path 與 Name<br>
13 <INPUT TYPE="text" NAME="f_A" SIZE="45"><br>
14 輸入檔案 B 之 Path 與 Name<br>
15 <INPUT TYPE="text" NAME="f_B" SIZE="45"><br>
16 輸入檔案 C 之 Path 與 Name<br>
17 <INPUT TYPE="text" NAME="f_C" SIZE="45"><br>
18 <INPUT TYPE="submit" VALUE="遞送">
19 <INPUT TYPE="reset" VALUE="取消">
20 </p>
21 </FORM>
22 </BODY>
23 </HTML>
```

列 06　　　鏈接驅動 JSP 次網頁。

列 13　　　設定表單用以接受檔案 A 之名稱與路徑。

列 15　　　設定表單用以接受檔案 B 之名稱與路徑。

列 17　　　設定表單用以接受檔案 B 之名稱與路徑。

(2) 設計檔案 Ex28.jsp：(為本例次網頁，依主網頁表單之內容，讀取檔案 A、B 之內容，並將合併內容傳遞至新建檔案 C)

```
01 <%@ page contentType= "text/html;charset=big5" %>
02 <%@ page import = "java.io.*" %>
03 <html>
04 <head><title>Ex28</title></head><body>
05 <%
06  request.setCharacterEncoding("big5");

//讀取主網頁表單內容
07  String val_fA = request.getParameter("f_A");
08  String val_fB = request.getParameter("f_B");
09  String val_fC = request.getParameter("f_C");

//建立新建檔案 C
```

```
10  File file_C = new File(val_fC);
11  if (file_C.createNewFile())
12    out.print("成功建立新檔案C: " + val_fC + "<br>");

//讀取檔案AB內容
13  int msgInt_A, msgInt_B;
14  char msgCh_A, msgCh_B;
15  String msgStr_A= "", msgStr_B= "";

16  BufferedReader bfRead_A = new BufferedReader(new
    FileReader(val_fA));
17  BufferedReader bfRead_B = new BufferedReader(new
    FileReader(val_fB));

18  while ((msgInt_A = bfRead_A.read()) != -1) {
19    msgCh_A = (char)msgInt_A;
20    msgStr_A = msgStr_A + msgCh_A;
21  }
22  out.print("成功讀取檔案A" + "<br>");

23  while ((msgInt_B = bfRead_B.read()) != -1) {
24    msgCh_B = (char)msgInt_B;
25    msgStr_B = msgStr_B + msgCh_B;
26  }
27  out.print("成功讀取檔案B" + "<br>");

28  bfRead_A.close();
29  bfRead_B.close();

//將檔案AB合併內容寫入新建檔案C
30  BufferedWriter bfWrite_C = new BufferedWriter(new
    FileWriter(val_fC));

31  bfWrite_C.write(msgStr_A + msgStr_B);
32  out.print("成功傳遞檔案A,B至檔案C" + "<br>");

33  bfWrite_C.close();
34  %>
35  </body>
36  </html>
```

列 07~09 建立字串變數，讀取主網頁表單輸入之名稱與路徑。

列 10~12 建立新檔案 C。

列 10　　依表單輸入之名稱與路徑建立檔案物件。

列 11~12 以檔案物件建立檔案 C，並印出訊息。

列 13~29 讀取檔案 A、B 之內容。

列 13~15 宣告。

列 16~17 建立檔案 A、B 之讀取物件。

列 18~22 讀取檔案 A 之內容，並印出執行訊息。

列 23~27 讀取檔案 B 之內容，並印出執行訊息。

列 30~33 將合併資料寫入檔案 C。

列 30　　建立檔案 C 寫入物件。

列 31~32 將合併資料寫入檔案 C，並印出執行訊息。

(3) 建立測試檔案 fileTA.txt、fileTB.txt：

本例於目錄 C:\BookCldApp\Program\ch06\6_6\test1 建立 fileTA.txt 與 fileTB.txt。(如本書光碟)

(4) 執行檔案 Ex28.html、Ex28.jsp：(參考範例 02)

(a) 複製 Ex28.html、Ex28.jsp 至目錄：

C:\Program Files\Java\Tomcat 7.0\webapps\examples。

(b) 重新啟動 Tomcat。

(c) 使用者開啟瀏覽器，使用網址http://163.15.40.242:8080/examples/Ex28.html，其中 163.15.40.242 為網站主機之 IP，8080 為 port。(注意：讀者實作時應將 IP 改成自己雲端網站之 IP)

(d) 輸入檔案 A (本例為 C:\BookCldApp\Program\ch06\6_6\test1\fileTA.txt)

　　輸入檔案 B (本例為 C:\BookCldApp\Program\ch06\6_6\test1\fileTB.txt)

　　輸入檔案 C (本例為 C:\BookCldApp\Program\ch06\6_6\test2\fileTC.txt)

(讀者應使用自己雲端之檔案名稱路徑)

(e) 於 JSP 次網頁印出執行訊息。

(f) 檢視執行結果，已完成將雲端檔案 A、B 之合併內容輸入檔案 C。

6-7 習題(Exercises)

1、於本書範例，如何對雲端網站建立新目錄？

2、於本書範例，如何對雲端網站建立新檔案？

3、於本書範例，如何對雲端網站檔案輸入資料？

4、於本書範例，如何對雲端網站讀取檔案內容？

5、讀取檔案時，如何判斷已讀取完畢？

6、於本書範例，如何對雲端網刪除檔案？

7、於本書範例，如何對雲端網站刪除目錄？

8、何謂檔案複製？

9、何謂檔案移置？

10、何謂檔案傳遞？

第 7 章

雲端資料庫處理
(Cloud Database Processes)

7-1 簡介

　　雲端運算(Cloud Computing) 之意義，是將原儲存在本地電腦(Local Machine) 的資料(Information)，交由雲端網站(Cloud Site) 儲存；原由本地電腦之運算，交由雲端網站運算。而最常使用的儲存方式，除了前章(第六章)所述檔案之外，另一種方式，就是資料庫(Database)。

　　資料庫是一種功能非常強大的資料儲存工具，不僅儲存量大，且可對資料迅速搜尋、分析、研判、分類。在眾多資料庫中，本書選擇微軟 Office Access 為範例資料庫，因其方便又功能不輸其他者，凡有 Office 的電腦，開機即可使用，無需另添購軟體。

7-2 雲端建立資料庫(Establishing Cloud Database)

　　雲端管理員(Cloud Manager) 於雲端網站(Cloud Site) 建立資料庫(Database)，設定資料庫執行環境(ODBC)，等待使用者(Users) 以網路遠端建立資料表(Data Relation Tables)、遠端存取資料。

7-2-1 資料庫建立

　　雲端管理員(Cloud Manager) 於雲端網站(Cloud Site) 建立資料庫(Database) DB07.accdb，儲置於 C:\BookCldApp\Program\ch07\Database，建立步驟如下：

(1) 按 開始 \ 所有程式 \ **Microsoft Office \ Microsoft Offices Access 2007**。

(2) 點選 空白資料庫。

(3) 設定資料庫名稱 **DB07.accdb**＼點選 **路徑視窗圖示**。

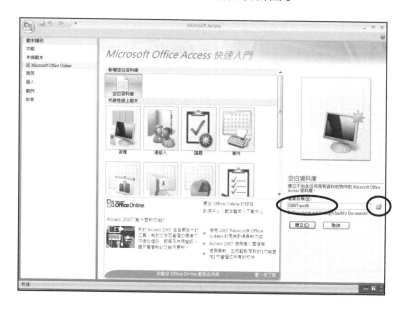

(4) 設定資料庫儲存位置 (本例為 C:\BookCldApp\Program\ch07\Database) \
按 確定。

(5) 按 建立。

(6) 按右上端 X 關閉資料庫。（完成資料庫建立）

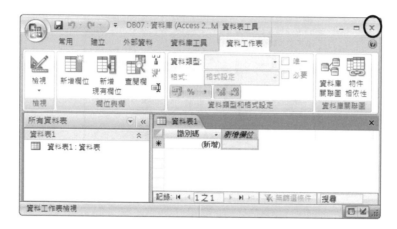

7-2-2 設定 ODBC

當雲端資料庫建立完成後，如果要藉由 Win 作業系統之應用程式來操作，必須先設定 ODBC(Open Database Connectivity)，用於 Win 作業系統連通資料庫。其設定步驟如下：

(1) 按 開始 \ 控制台 \ 系統管理工具。

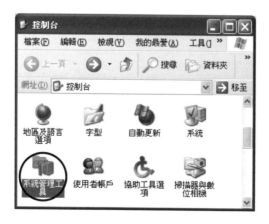

(2) 點選 資料來源(ODBC)。

(3) 點選 系統資料來源名稱 \ 按 新增。

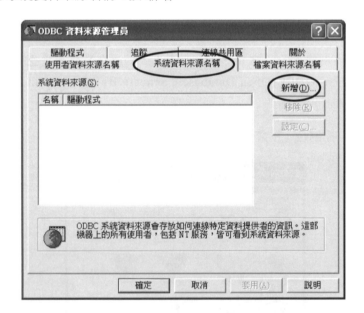

(4) 點選 **Microsoft Access Driver(*.mdb, *.accdb)** \ 按 完成。

(5) 於資料來源名稱，輸入資料庫之邏輯名稱(*本例為* **DB07**) \ 按 **選取**。

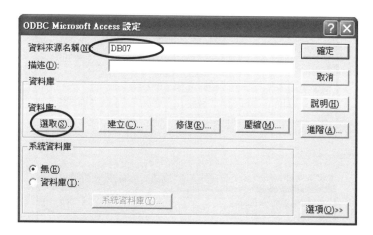

(6) 調整至資料庫儲存目錄(*本例為* C:\BookCldApp\Program\ch07\Database)，
資料庫名稱將出現於左端視窗(*本例為* **DB07**.accdb)。

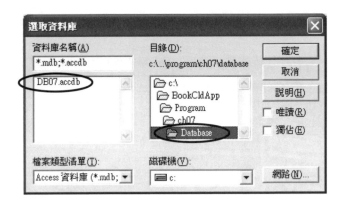

(7) 點選 **DB07**.accdb，其將跳至上端視窗 \ 按 確定。

(8) 按 確定。

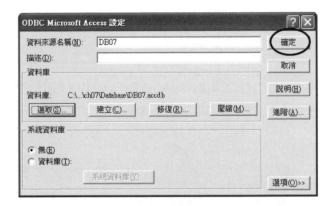

(9) 按 確定。(完成 ODBC 設定)

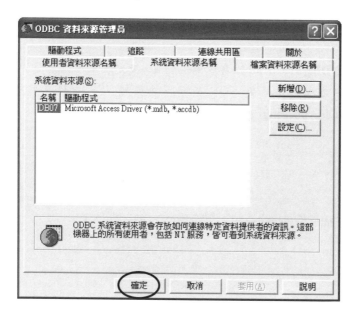

7-3 多用途雲端資料庫執行網頁(Multi-Executing Page for Cloud Database)

資料庫是一種功能非常強大的資料儲存工具，不僅儲存量大，且可對資料迅速搜尋、分析、研判、分類，其中機制，都是由 SQL 指令驅動執行。

我們可於雲端網站，設計資料庫使用網頁，使用者於任意使用端開啓此網頁，輸入要求之 SQL 指令，直接指揮雲端網站資料庫，執行要求之工作。如此網頁是謂 "多用途雲端資料庫執行網頁(Multi-Executing Page for Cloud Database)"。

範例 29：於雲端網站設計檔案 DBwork.html、DBwork.jsp，提供使用者(Users) 以網頁對雲端網站資料庫(Cloud Database) 執行任意 SQL 指令。

(1) 設計檔案 **DBwork.html**：(為本例主網頁，設定表單用以接受資料庫名稱，設定文字方塊用以接受 SQL 指令，並驅動 JSP 次網頁，編輯於光碟 C:\BookCldApp\Program\ch07\7_3)

```
01 <HTML>
02 <HEAD>
03 <TITLE>Front Page of Database Work</TITLE>
04 </HEAD>
05 <BODY>
06 <FORM ACTION="DBwork.jsp"  METHOD="post" >
07 <p align="left">
08 <font size="5"><b>Front Page of Database Work</b></font>
09 </p>
10 <p>  </p>
11 <p align="left">
12 <B>輸入資料庫名稱</B>
13 <INPUT TYPE="text" SIZE="10" NAME="DBname"></p>
14 <B>輸入 SQL 指令</B></p>
15 <p align="left">
16 <TEXTAREA NAME="SQLcmd" ROWS="4" COLS="50">
17 </TEXTAREA></p>
18 <p align="left">
19 <INPUT TYPE="submit" VALUE="遞送">
20 <INPUT TYPE="reset" VALUE="取消">
21 </p>
22 </FORM>
23 </BODY>
24 </HTML>
```

列 06　　鏈接驅動 JSP 網站次網頁。

列 13　　設定表單用以接受資料庫名稱。

列 16　　設定文字方塊用以接受資料表讀取指令。

(2) 設計檔案 **DBwork.jsp**：(為本例次網頁，依主網輸入之資料庫名稱、SQL 指令，執行連接與執行)

```
01 <%@ page contentType="text/html;charset=big5" %>
```

```
02 <%@ page import= "java.sql.*" %>
03 <%@ page import= "java.io.*" %>
04 <html>
05 <head><title>DBwork</title></head><body>
06 <p align="left">
07 <font size="5"><b>Sub Page of DBwork</b></font>
08 </p>
09 <%
10  request.setCharacterEncoding("big5");
11  String DBname = request.getParameter("DBname");
12  String SQLcmd = request.getParameter("SQLcmd");
```

//連接資料庫

```
13  String JDriver = "sun.jdbc.odbc.JdbcOdbcDriver";
14  String connectDB="jdbc:odbc:" + DBname;
15  StringBuffer sb = new StringBuffer();

16  Class.forName(JDriver);
17  Connection con = DriverManager.getConnection(connectDB);
18  Statement stmt = con.createStatement();
```

//執行 SQL 指令，如果為讀取資料，則設計表格印出，否則印出執行訊息

```
19  if (stmt.execute(SQLcmd))
20    {
21    ResultSet rs = stmt.getResultSet();
22    ResultSetMetaData md = rs.getMetaData();
23    int colCount = md.getColumnCount();
24    sb.append("<TABLE CELLSPACING=10><TR>");
25    for (int i = 1; i <= colCount; i++)
26      sb.append("<TH>" + md.getColumnLabel(i));
27    while (rs.next())
28      {
29      sb.append("<TR>");
30      for (int i = 1; i <= colCount; i++)
31        {
32        sb.append("<TD>");
33        Object obj = rs.getObject(i);
34        if (obj != null)
35          sb.append(obj.toString());
36        else
37          sb.append(" ");
38        }
39      }
```

```
40        sb.append("</TABLE>\n");
41    }
42  else
43  sb.append("<B>執行成功</B>") ;

44  String result= sb.toString();
45  out.print(result);

50  stmt.close();
51  con.close();
52  %>
53  </body>
54  </html>
```

列 10　　設定接受文字方塊之中文內容。

列 11　　讀取主網頁表單輸入之資料庫名稱。

列 12　　讀取主網頁文字方塊輸入之 SQL 指令。

列 13~14 連接列 11 指定之資料庫。

列 15　　建立緩衝器。

列 17　　建立資料庫連接物件 con。

列 18　　建立資料庫執行物件 stmt。

列 19~43 執行 SQL 指令，如果為讀取資料，則設計表格印出，否則印出執行
　　　　　訊息，同時將印出內容儲存於緩衝器。

列 44　　建立字串變數，接受緩衝器內容。

列 45　　印出緩衝器內容。

(3) 執行檔案 DBwork.html、DBwork.jsp：(參考範例 02)

　(a) 檢視資料庫已妥當建立，且已執行 ODBC 設定。

　(b) 複製 DBwork.html、DBwork.jsp 至目錄：

　　　C:\Program Files\Java\Tomcat 7.0\webapps\examples。

　(c) 重新啟動 Tomcat。

　(d) 使用者開啟網頁，使用網址http://163.15.40.242:8080/examples/DBwork.html，
　　　其中 163.15.40.242 為網站主機之 IP，8080 為 port。(注意：讀者實作

時應將 IP 改成自己雲端網站之 IP)

7-4 雲端資料庫基礎操作(Cloud Database Basic Processes)

　　在資料儲存上，無論是前節之檔案、或是本節之資料庫，其基礎操作應是：寫入資料與讀取資料。

　　本節將使用前節之 "多用途雲端資料庫執行網頁"，於使用者端，以 SQL 指令對雲端網站資料庫執行：(1)建立資料表、(2)輸入資料、(3)讀取資料、(4)增加資料、(5)更新資料、(6)搜尋資料、(7)刪除資料。

7-4-1 建立資料表(Create Table)

範例 30：從使用者端對雲端網站建立資料表。

(1) 使用範例 29 建立之 "多用途雲端資料庫執行網頁"，對本章建立之雲端資料庫 DB07(如光碟 C:\BookCldApp\Program\ch07\Database) 建立資料表 BookList。

(2) 設計 SQL 指令：

CREATE TABLE BookList
    (編號 **TEXT**(10) **PRIMARY KEY**,
    書名 **TEXT**(20) **UNIQUE**,
    作者 **TEXT**(10) **NOT NULL**,
      書價 **INTEGER**)

(3) 依範例 29 執行步驟(3) 執行：

  (a) 開啟 "多用途雲端資料庫執行網頁"。

  (b) 填入 DB07、與本例項(2) 之 SQL 指令 \ 按 **遞送**。

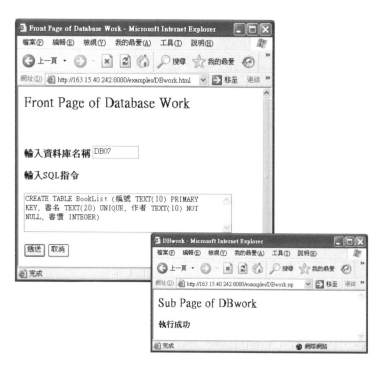

(c) 檢視 C:\BookCldApp\Program\ch07\Database 資料庫 DB07。(已建立資料表 BookList 與其各欄位)

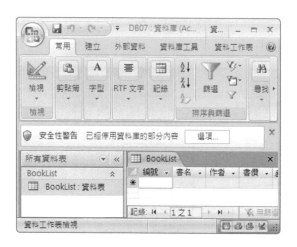

7-4-2 輸入資料(Insert)

> **範例 31**：從使用者端對雲端網站輸入資料。

(1) 使用範例 29 建立之 "多用途雲端資料庫執行網頁"，對雲端資料庫 DB07 之資料表 BookList，輸入資料。

(2) 設計 SQL 指令：

　　　　INSERT INTO BookList **VALUES**
　　　　　　('1001', '雲端網站應用實作', '賈蓉生', 500)

(3) 依範例 29 執行步驟(3) 執行：

　(a) 開啟 "多用途雲端資料庫執行網頁"。

　(b) 填入 DB07、與本例項(2) 之 SQL 指令 \ 按 遞送。

(c) 檢視 C:\BookCldApp\Program\ch07\Database 資料庫 DB07 之資料表
BookList。(已對資料表 BookList 各欄位輸入資料)

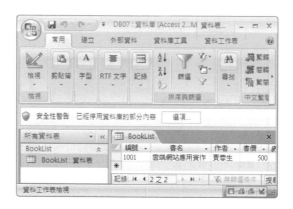

7-4-3 讀取資料(Select)

範例 32：從使用者端對雲端網站讀取資料。

(1) 使用範例 29 建立之 "多用途雲端資料庫執行網頁"，對雲端資料庫 DB07
之資料表 BookList，讀取資料。

(2) 設計 SQL 指令：

SELECT * FROM BookList

(3) 依範例 29 執行步驟(3) 執行：

  (a) 開啟 "多用途雲端資料庫執行網頁"。

  (b) 填入 DB07、與本例項(2) 之 SQL 指令 \ 按 **遞送**。(在網頁上完成讀取)

7-4-4 增加資料

> **範例 33**：從使用者端對雲端網站**增加資料**。

(1) 使用範例 29 建立之 "多用途雲端資料庫執行網頁"，對雲端資料庫 DB07 之資料表 BookList，增加資料。

(2) 設計 SQL 指令：

INSERT INTO BookList **VALUES**
　　　　('1002', '精緻作業系統', '賈蓉生', 450)

(3) 依範例 29 執行步驟(3) 執行：

(a) 開啟 "多用途雲端資料庫執行網頁"。

(b) 填入 DB07、與本例項(2) 之 SQL 指令 \ 按 遞送。

(c) 檢視 C:\BookCldApp\Program\ch07\Database 資料庫 DB07 之資料表
BookList。(已對資料表 BookList 增加資料)

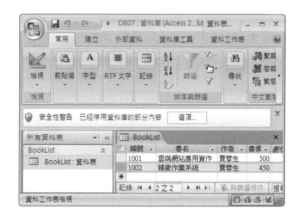

7-4-5 更新資料(Update)

> **範例 34**：從使用者端對雲端網站**更新資料**。

(1) 使用範例 29 建立之 "多用途雲端資料庫執行網頁"，對雲端資料庫 DB07 之資料表 BookList，更新資料。

(2) 設計 SQL 指令：(因應通貨膨脹、每本書漲價 10%)

　　UPDATE BookList **SET** 書價 = 書價*(1+0.1)

(3) 依範例 29 執行步驟(3) 執行：

　(a) 開啟 "多用途雲端資料庫執行網頁"。

　(b) 填入 DB07、與本例項(2) 之 SQL 指令 \ 按 **遞送**。

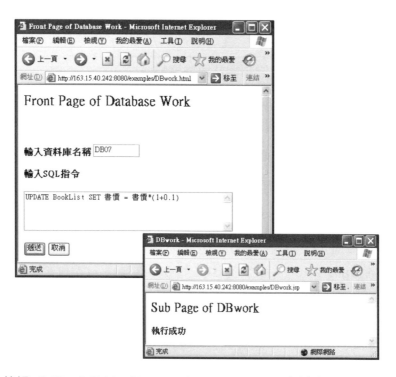

(c) 檢視 C:\BookCldApp\Program\ch07\Database 資料庫 DB07 之資料表
BookList。(已對資料表 BookList 更新資料)

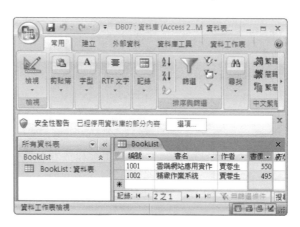

7-4-6 搜尋資料

範例 35：從使用者端對雲端網站**搜尋資料**。
---

(1) 使用範例 29 建立之 "多用途雲端資料庫執行網頁"，對雲端資料庫 DB07
之資料表 BookList，搜尋資料。

(2) 設計 SQL 指令：(搜尋書價少於 500 之資料)

    SELECT * FROM BookList **WHERE** 書價<= 500

(3) 依範例 29 執行步驟(3) 執行：

  (a) 開啟 "多用途雲端資料庫執行網頁"。

  (b) 填入 DB07、與本例項(2) 之 SQL 指令 \ 按 **遞送**。(在網頁上完成讀取)

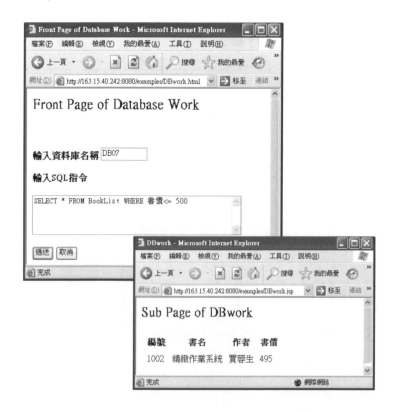

7-4-7 刪除資料(Delete)

> **範例 36：** 從使用者端對雲端網站**刪除資料**。

(1) 使用範例 29 建立之 "多用途雲端資料庫執行網頁"，對雲端資料庫 DB07 之資料表 BookList，刪除資料。

(2) 設計 SQL 指令：(刪除編號 1002 之資料)

    DELETE FROM BookList
        WHERE 編號= '1002'

(3) 依範例 29 執行步驟(3) 執行：

  (a) 開啟 "多用途雲端資料庫執行網頁"。

  (b) 填入 DB07、與本例項(2) 之 SQL 指令 \ 按 **遞送**。

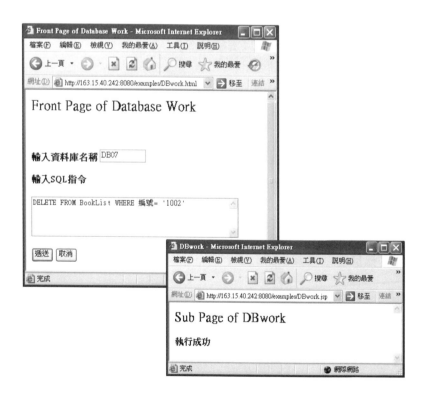

(c) 檢視 C:\BookCldApp\Program\ch07\Database 資料庫 DB07 之資料表 BookList。(已對資料表 BookList 刪除資料)

7-5 雲端資料庫合作操作 (Cloud Database Cooperating Processes)

　　一個資料庫可擁有多個資料表，將其中兩個資料表合併使用，是謂 "資料庫合作操作(Database Cooperating Processes)。

　　以學校行政部門為例，教務處處理學生學科成績，擁有學科資料表；學務處處理學生操行成績，擁有操行資料表。在互不干擾下，精緻分工，有高工作效率。必要時，也可合作，合併操作學科資料表與操行資料表。

> **範例 37：**依範例 30 與範例 31，於資料庫 DB07，**模擬教務處建立學科資料表，模擬學務處建立操行資料表，並輸入資料。**

(1) 使用範例 29 建立之 "多用途雲端資料庫執行網頁"，對雲端資料庫 DB07，建立學科資料表，建立操行資料表。

(2) 設計 SQL 指令。(如 C:\BookCldApp\Program\ch07\7_5 檔案 Ex37_SQL 指令.doc)

(3) 於資料庫 DB07 建立學科資料表、與操行資料表：

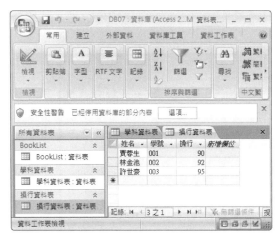

7-5-1 合作聯結資料表

經過前節建立兩個資料表，為了同時讀取學科成績與操行成績，我們可設計 SQL 指令，直接將此兩個資料表合併使用。

當合併使用兩個資料表時，需先觀察此兩個資料表是否有相同名稱的欄位，如果無相同名稱欄位，則無法合併使用。

範例 38：從使用者端對雲端網站執行**資料表合併操作**。

(1) 使用範例 29 建立之 "多用途雲端資料庫執行網頁"，對雲端資料庫 DB07 之學科資料表與操作資料表，合併讀取學科與操作成績。

(2) 設計 SQL 指令：

SELECT 學科資料表.姓名, 學科資料表.學號, 國文, 英文, 數學, 操行
FROM 學科資料表, 操作資料表
WHERE 學科資料表.學號 = 操作資料表.學號

(3) 依範例 29 執行步驟(3) 執行：

(a) 開啟 "多用途雲端資料庫執行網頁"。

(b) 填入 DB07、與本例項(2) 之 SQL 指令 \ 按 **遞送**。(在網頁上完成讀取)

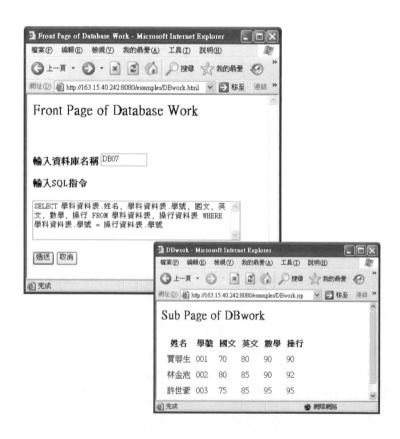

7-5-2 檢視表(View)

在資料表合併操作上，如前節直接以 SQL 指令執行，雖然可解決問題，但逢非常困難複雜問題時，將不易解決。

本節介紹檢視表(View)，將兩個資料表，合併成一個新的資料表，如此新的資料表是謂 **"檢視表(View)"**，然後再以 SQL 指令執行此新資料表，將比較容易解決困難複雜的問題。

範例 39：從使用者端對雲端網站建立檢視表。

---

(1) 使用範例 29 建立之 "多用途雲端資料庫執行網頁"，對雲端資料庫 DB07 建立成績檢視表。

(2) 設計 SQL 指令：

CREATE VIEW 成績檢視表 **AS**
　SELECT 學科資料表.姓名, 學科資料表.學號, 國文, 英文, 數學, 操行
FROM 學科資料表 **INNER JOIN** 操行資料表
ON 學科資料表.學號 ＝ 操行資料表.學號

(3) 依範例 29 執行步驟(3) 執行:

  (a) 開啟 "多用途雲端資料庫執行網頁"。

  (b) 填入 DB07、與本例項(2) 之 SQL 指令 \ 按 **遞送**。

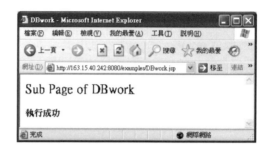

  (c) 檢視 C:\BookCldApp\Program\ch07\Database 資料庫 DB07。(已建立成績檢視表)

範例 40:從使用者端對雲端網站**讀取資料**。

(1) 使用範例 29 建立之 "多用途雲端資料庫執行網頁",對雲端資料庫 DB07 之資料表 BookList,讀取資料。

(2) 設計 SQL 指令:

    SELECT * FROM 成績檢視表

(3) 依範例 29 執行步驟(3) 執行：

(a) 開啟 "多用途雲端資料庫執行網頁"。

(b) 填入 DB07、與本例項(2) 之 SQL 指令 \ 按 **遞送**。(在網頁上完成讀取)

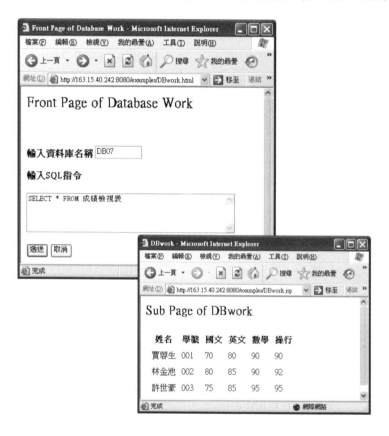

7-6 習題(Exercises)

1、最常使用的儲存方式,除了前章(第六章)所述檔案之外,另一種方式為何是資料庫(Database)?

2、在眾多資料庫中,本書為何選擇微軟 Office Access 為範例資料庫?

3、當雲端資料庫建立完成後,為何必須設定 ODBC(Open Database Connectivity)?

4、何謂 "多用途雲端資料庫執行網頁(Multi-Executing Page for Cloud Database)"?

5、常用資料庫操作有那些?

6、何謂 "資料庫合作操作(Database Cooperating Processes)?

7、何謂 "檢視表(View)"?

第 **8** 章

▷ 使用者認證與網頁安全
(Authority and Security)

8-1 簡介

雲端運算(Cloud Computing) 是一種網路操作行為(Network Operation)，使用者(Users) 藉由網路將資料(Information) 傳遞至雲端網站，雲端網站綜合各項資料加以運算並儲存，使用者再藉網路讀取資料。

因是藉由網路，一個開放(Open) 且公開(Public) 的環境，有心人可輕易地侵入、攔截、破壞，因此，安全維護更顯得重要。一般來言，應考量：

(1) **嚴格審核使用者註冊**：於雲端資料庫設立 "使用者註冊資料表(UserList)"，儲存使用者註冊時填寫之背景資料，經過雲端管理員嚴審後，才可授予使用權限。(參考 8-3 節與範例 43)

(2) **使用者登入認證**：使用者每次登入雲端時，均需作登入認證，亦即輸入帳號與密碼，經過與 "使用者註冊資料表(UserList)" 內容比對之後，才可進入雲端操作。(參考 8-4 節與範例 44)

(3) **更新帳號密碼**：為了機動維護網路操作安全(Security)，雲端網站(Cloud Site) 應提供網頁機制(Page Method)，供使用者視需要更改註冊資料(Updating Registration)。 (參考 8-5 節與範例 45)

(4) **網頁接續認證**：雲端網頁是由一系列多個網頁接續驅動而成，為了防止被攔截置換，一旦認證首頁，認證效力應貫穿其接續驅動之各個次網頁。(參考 8-7 節與範例 48)

8-2 建立雲端資料庫/認證資料表

如前述，最方便、最有效率的儲存工具，非資料庫莫屬，雲端使用者註冊資料亦然，為了系列解說，本節建立雲端範例資料庫(Cloud Database)，提供本章各範例依恃使用。

範例 41：參考 7-2 節，建立本章雲端資料庫 DB08，儲存於本書光碟 C:\BookCldApp\Program\ch08\Database；並執行 ODBC 設定。

　　為了嚴格審核使用者背景，建立使用者註冊資料表 "UserList"；為了審核使用者社會關係，資料應有身分證字號(不宜更換)、使用者地址(隨邊移更新)；為了維護使用者安全隱密操作，應設定使用者帳號與密碼(鼓勵更換)。

範例 42：從使用者端對雲端網站建立資料表。

(1) 使用範例 29 建立之 "多用途雲端資料庫執行網頁"，對本章建立之雲端資料庫 DB08(如光碟 C:\BookCldApp\Program\ch08\Database) 建立資料表 UserList。

(2) 設計 SQL 指令：

CREATE TABLE UserList
　　(身分證字號 **TEXT**(15) **PRIMARY KEY**,
　　使用者帳號 **TEXT**(10) **UNIQUE**,
　　使用者密碼 **TEXT**(10) **NOT NULL**,
　　使用者地址 **TEXT**(40))

(3) 依範例 29 執行步驟(3) 執行：

(a) 開啟 "多用途雲端資料庫執行網頁"。

(b) 填入 DB08、與本例項(2) 之 SQL 指令 \ 按 **遞送**。

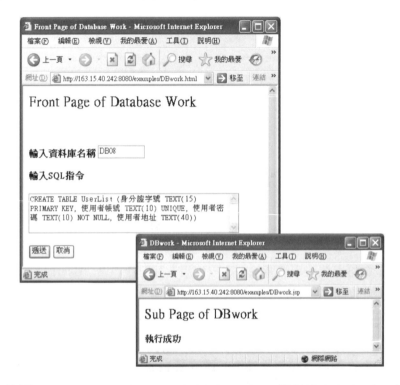

(c) 檢視 C:\BookCldApp\Program\ch08\Database 資料庫 DB08。(已建立資料表 UserList 與其各欄位)

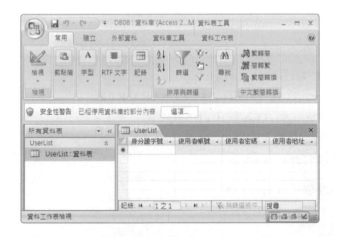

8-3 使用者雲端註冊(Cloud Registration)

當使用者(User) 第一次進入雲端操作之前，應先註冊填寫背景資料，由雲端管理員審核之後，才可登入操作。雲端(Cloud Site) 備妥註冊網頁，使用者依網址開啓網頁，填寫資料。

範例 43：於雲端網站設計檔案 Ex43.html、Ex43.jsp，提供使用者(Users) 註冊，填寫個人背景資料。

---

(1) 設計檔案 Ex43.html：(為本例主網頁，設定表單用以接受使用者填寫資料，並用以驅動 JSP 次網頁，編輯於光碟 C:\BookCldApp\Program\ch08\8_3)

```
01 <HTML>
02 <HEAD>
03 <TITLE>Front Page of Ex43</TITLE>
04 </HEAD>
05 <BODY>
06 <FORM METHOD="post" ACTION="Ex43.jsp">
07 <p align="left">
08 <font size="5"><b>Front Page of Ex43    雲端使用者註冊</b></font>
09 </p>
10 <p> </p>
11 <p align="left">
12 <B>鍵入註冊資料</B></p>
13 <p align="left">
14 身分證字號 <INPUT TYPE = "text" NAME = "number" SIZE = "15"><br>
15 使用者帳號 <INPUT TYPE = "text" NAME = "name" SIZE = "10"><br>
16 使用者密碼 <INPUT TYPE = "password" NAME = "pwd" SIZE = "10"><br>
17 使用者地址 <INPUT TYPE = "text" NAME = "address" SIZE = "40"><br>
18 </p><p>
19 <INPUT TYPE="submit" VALUE="註冊輸入">
21 <INPUT TYPE="reset" VALUE="重新輸入">
22 </p>
23 </FORM>
24 </BODY>
25 </HTML>
```

列 14~17 建立表單，用以接受使用者填寫資料。

(2) 設計檔案 Ex43.jsp：(為本例次網頁，依主網頁表單之內容，傳遞寫入資料庫)

```
01 <%@ page contentType="text/html;charset=big5" %>
02 <%@ page import= "java.sql.*" %>
03 <html>
04 <head><title>Ex43</title></head><body>
05 <p align="center">
06 <font size="5"><b>Sub Page of Ex43</b></font>
07 </p>
08 <%
//連接資料庫
09   String JDriver = "sun.jdbc.odbc.JdbcOdbcDriver";
10   String connectDB="jdbc:odbc:DB08";

11   Class.forName(JDriver);
12   Connection con = DriverManager.getConnection(connectDB);
13   Statement stmt = con.createStatement();

//讀取主網頁表單輸入資料
14   request.setCharacterEncoding("big5");
15   String Number = request.getParameter("number");
16   String Name = request.getParameter("name");
17   String Pwd = request.getParameter("pwd");
18   String Address = request.getParameter("address");

//設定 SQL 指令，將資料寫入資料表 UserList
19   String sql="INSERT INTO UserList(身分證字號,使用者帳號," +
             "使用者密碼,使用者地址) VALUES ('" +
             Number + "','" + Name + "','" +
             Pwd + "','" + Address + "')" ;

20   stmt.executeUpdate(sql);
21   stmt.close();
22   con.close();
23 %>
24 <center>
25 成功完成註冊輸入
26 </body>
27 </html>
```

列 09~13 連接資料庫。

列 09~10 連接雲端資料庫 DB08。(注意：讀者需改成自己資料庫名稱)

列 12~13 建立資料庫操作物件。

列 19~22 設定 SQL 指令，將資料寫入資料表 UserList。

(3) 執行檔案 Ex43.html、Ex43.jsp：(參考範例 02)

(a) 複製 Ex43.html、Ex43.jsp 至目錄：

C:\Program Files\Java\Tomcat 7.0\webapps\examples。

(b) 重新啟動 Tomcat。

(c) 使用者開啟瀏覽器，使用網址http://163.15.40.242:8080/examples/Ex43.html，
其中 163.15.40.242 為網站主機之 IP，8080 為 port。(注意：讀者實作
時應將 IP 改成自己雲端網站之 IP)

(d) 於表單輸入資料(本例為 A123456789, first, 123456, 台北市科研路 66
號)

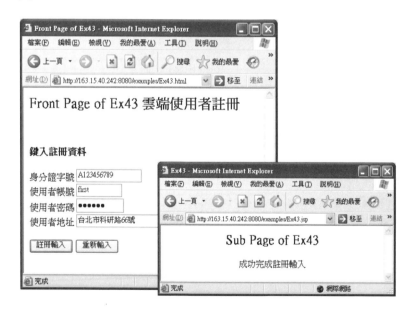

(e) 為了解說需要，依項(d)，再輸入兩筆資料：

(B234567890, second, 234567, 台北市科研路 67 號)

(C345678901, third, 345678, 台北市科研路 68 號)

(f) 檢視執行結果。(資料已輸入資料表)

8-4 雲端登入(Cloud Log In)

當使用者(Users) 於雲端網站(Cloud Site) 註冊之後，即可以帳號(Account) 與密碼(Password) 登入，對雲端作資料存取、運算等操作。

範例 44：於雲端網站設計檔案 Ex44.html、Ex44.jsp，提供使用者(Users) 於網頁以帳號、密碼登入雲端。

---

(1) 設計檔案 Ex44.html：(為本例主網頁，設定表單用以接受使用者鍵入帳號密碼，並驅動 JSP 次網頁，編輯於光碟 C:\BookCldApp\Program\ch08\8_4)

```
01 <HTML>
02 <HEAD>
03 <TITLE>Front Page of Ex44</TITLE>
04 </HEAD>
05 <BODY>
06 <FORM METHOD="post" ACTION="Ex44.jsp">
07 <p align="left">
```

```
08 <font size="5"><b>Front Page of Ex44 使用者登入雲端</b></font>
09 </p>
10 <p> </p>
11 <p align="left">
12 <B>鍵入使用者帳號密碼</B></p>
13 <p align="left">
14 使用者帳號 <INPUT TYPE = "text" NAME = "name" SIZE = "10"><br>
15 使用者密碼 <INPUT TYPE = "password" NAME = "pwd" SIZE = "10"><br>
16 </p><p>
17 <INPUT TYPE="submit" VALUE="遞送">
18 <INPUT TYPE="reset" VALUE="取消">
19 </p>
20 </FORM>
21 </BODY>
22 </HTML>
```

列 14~15 建立表單，用以接受使用者填寫帳號與密碼。

(2) 設計檔案 Ex44.jsp：(為本例次網頁，依主網頁表單輸入之帳號與密碼，對比註冊資料表 UserList，如果對比成功，即為登入成功，否則為登入失敗)

```
01 <%@ page contentType="text/html;charset=big5" %>
02 <%@ page import= "java.sql.*" %>
03 <html>
04 <head><title>Ex44</title></head><body>
05 <p align="center">
06 <font size="5"><b>Sub Page of Ex44</b></font>
07 </p><p align="left">
08 <%

//宣告變數連接資料庫
09   String JDriver = "sun.jdbc.odbc.JdbcOdbcDriver";
10   String connectDB="jdbc:odbc:DB08";

11   Class.forName(JDriver);
12   Connection con = DriverManager.getConnection(connectDB);
13   Statement stmt = con.createStatement();

//讀取主網頁表單輸入之帳號與密碼
14   request.setCharacterEncoding("big5");
15   String Name = request.getParameter("name");
16   String Pwd = request.getParameter("pwd");
```

```
//設定 SQL 指令,依輸入之帳號密碼,比對資料庫內容
17   String sql="SELECT  *   FROM UserList WHERE 使用者帳號='" +
             Name + "'AND 使用者密碼='" + Pwd + "';";

//如果比對成功,即為合法使用者
18   ResultSet rs = stmt.executeQuery(sql);
19   boolean flag = false;
20   while(rs.next()) flag = true;
21   if(flag)
        out.print("帳號密碼正確,成功登入雲端!!");
22   else
        out.print("帳號密碼有誤,登入雲端失敗!!");

23   stmt.close();
24   con.close();
25 %>
26 </body>
27 </html>
```

列 09~13 宣告變數連接資料庫。

列 09~10 連接雲端資料庫 DB08。(注意:讀者需改成自己資料庫名稱)

列 12~13 建立資料庫操作物件。

列 14~16 讀取主網頁表單輸入之帳號與密碼。

列 17　　設定 SQL 指令,依輸入之帳號密碼,比對資料庫內容。

列 18~22 如果比對成功,即為合法使用者。

列 20　　依輸入之帳號密碼,搜尋比對資料庫每一筆資料。

(3) 執行檔案 Ex44.html、Ex44.jsp:(參考範例 02)

　(a) 複製 Ex44.html、Ex44.jsp 至目錄:

　　 C:\Program Files\Java\Tomcat 7.0\webapps\examples。

　(b) 重新啟動 Tomcat。

　(c) 使用者開啟瀏覽器,使用網址http://163.15.40.242:8080/examples/Ex44.html,
　　　其中 163.15.40.242 為網站主機之 IP,8080 為 port。(注意:讀者實作
　　　時應將 IP 改成自己雲端網站之 IP)

(d) 於表單輸入資料(本例為 second, 234567)

8-5 雲端註冊資料修改(Updating Cloud Registration)

為了機動維護使用者(User)權限(Authority)，雲端網站(Cloud Site)應提供網頁機制(Page Method)，供使用者視需要更改註冊資料(Updating Registration)，維護網路操作安全(Security)。

延續前節範例，於四個欄位資料中：(1)身分證字號(Citizen Number)為當然資料，用於戶籍辨識，連繫社會關係，不宜也不得更改；(2)使用者地址(Address)為通訊資料，隨遷移更新；(3)使用者帳號(Account)與密碼(Pass Word)為權限資料，為雲端資料存取安全機制，鼓勵視需要隨時更新。

範例 45：雲端設計檔案 Ex45.html、Ex45_1.jsp、Ex45_2，提供使用者 (Users) 以網頁修改個人註冊資料。

---

(1) 設計檔案 Ex45.html：(為本例主網頁，設定表單用以接受使用者鍵入帳號與密碼，並用以驅動 Ex45_1.jsp 次網頁，編輯於光碟 C:\BookCldApp\Program\ch08\8_5)

```
01 <HTML>
02 <HEAD>
03 <TITLE>Front Page of Ex45</TITLE>
04 </HEAD>
05 <BODY>
06 <FORM METHOD="post" ACTION="Ex45_1.jsp">
07 <p align="left">
08 <font size="5"><b>Front Page of Ex45 更新使用者資料</b></font>
09 </p>
10 <p>  </p>
11 <p align="left">
12 <B>鍵入使用者帳號密碼</B></p>
13 <p align="left">
14  使用者帳號 <INPUT TYPE = "text" NAME = "name" SIZE = "10"><br>
15  使用者密碼 <INPUT TYPE = "password" NAME = "pwd" SIZE = "10"><br>
16 </p><p>
17 <INPUT TYPE="submit" VALUE="遞送">
18 <INPUT TYPE="reset" VALUE="取消">
19 </p>
20 </FORM>
21 </BODY>
22 </HTML>
```

列 14~15 設計表單，接受輸入使用者帳號與密碼。

(2) 設計檔案 Ex45_1.jsp：(為本例次網頁，依主網頁表單輸入之帳號與密碼，搜尋其列出使用者原始註冊資料，使用者鍵入新資料覆蓋舊資料，再驅動 Ex45_2.jsp 次網頁)

```
01 <%@ page contentType="text/html;charset=big5" %>
02 <%@ page import= "java.sql.*" %>
03 <html>
04 <head><title>Ex45_1</title></head><body>
05 <p align="center">
06 <font size="5"><b>Sub Page of Ex45_1</b></font>
```

```
07  </p><p align="left">
08  <B>修改下列資料(鍵入新資料覆蓋舊資料)</B></p>
09  <%
```

//宣告變數連接資料庫

```
10  String JDriver = "sun.jdbc.odbc.JdbcOdbcDriver";
11  String connectDB="jdbc:odbc:DB08";

12  Class.forName(JDriver);
13  Connection con = DriverManager.getConnection(connectDB);
14  Statement stmt = con.createStatement();
```

//讀取主網頁表單輸入之帳號與密碼

```
15  request.setCharacterEncoding("big5");

16  String Name = request.getParameter("name");
17  String Pwd = request.getParameter("pwd");
```

//設定 SQL 指令，搜尋資料庫使用者之註冊資料

```
18  String sql="SELECT *  FROM UserList WHERE 使用者帳號='" +
              Name + "'AND 使用者密碼='" + Pwd + "';";

19  ResultSet rs= stmt.executeQuery(sql);
20  ResultSetMetaData rsmd = rs.getMetaData();
21  int colCount = rsmd.getColumnCount();
```

//印出使用者註冊資料

```
22  rs.next();
23  out.print("<FORM ACTION=Ex45_2.jsp " +
              "METHOD=post>");
24  out.print("身分證字號:<INPUT TYPE=text NAME= number_1 " +
            "VALUE=" + rs.getString("身分證字號") + ">(不宜修改)<BR>");
25  out.print("使用者帳號:<INPUT TYPE=text NAME= name_1 " +
            "VALUE=" + Name + "><BR>");
26  out.print("使用者密碼:<INPUT TYPE=text NAME= pwd_1 " +
            "VALUE=" + Pwd + "><BR>");
27  out.print("使用者地址:<INPUT TYPE=text NAME= address_1 " +
            "VALUE=" + rs.getString("使用者地址") + "> <BR><BR>");

28  out.print("<INPUT TYPE=submit VALUE=\"遞送\">");
29  out.print("<INPUT TYPE=reset VALUE=\"取消\">");

30  stmt.close();
```

```
31  con.close();
32  %>
33  </body>
34  </html>
```

列 10~14 宣告變數連接資料庫。

列 10~11 連接雲端資料庫 DB08。(注意：讀者需改成自己資料庫名稱)

列 12~14 建立資料庫操作物件。

列 15~17 讀取主網頁表單輸入之帳號與密碼。

列 18　　 設定 SQL 指令，搜尋資料庫內使用者之註冊資料。

列 19~21 執行 SQL 指令。

列 22~27 印出使用者註冊資料。

(3) 設計檔案 Ex45_2.jsp：(為本例次次網頁，將 Ex45_1.jsp 更新之新資料，寫入資料庫，並印出訊息)

```
01  <%@ page contentType="text/html;charset=big5" %>
02  <%@ page import= "java.sql.*" %>
03  <html>
04  <head><title>Ex45_2</title></head><body>
05  <p align="center">
06  <font size="5"><b>Sub Page of Ex45_2</b></font>
07  </p>
08  <%

//宣告變數連接資料庫
09  String JDriver = "sun.jdbc.odbc.JdbcOdbcDriver";
10  String connectDB="jdbc:odbc:DB08";

11  Class.forName(JDriver);
12  Connection con = DriverManager.getConnection(connectDB);
13  Statement stmt = con.createStatement();

//讀取 Ex45_1.jsp 網頁表單輸入之更新資料
14  request.setCharacterEncoding("big5");
15  String Number_2 = request.getParameter("number_1");
16  String Name_2 = request.getParameter("name_1");
17  String Pwd_2 = request.getParameter("pwd_1");
18  String Address_2 = request.getParameter("address_1");
```

```
//設定 SQL 指令，將更新資料寫入資料庫
19  String sql="UPDATE UserList SET " +
             "身分證字號='" + Number_2 +
             "', 使用者帳號='" + Name_2 +
             "', 使用者密碼='" + Pwd_2 +
             "', 使用者地址='" + Address_2 +
             "' WHERE 身分證字號='" + Number_2 + "';" ;

20  if(stmt.executeUpdate(sql) == 1)
      out.print("成功修改資料!!");
21  else
      out.print("修改資料失敗!!");

22  stmt.close();
23  con.close();
24  %>
25  </body>
26  </html>
```

列 09~13 宣告變數連接資料庫。

列 09~10 連接雲端資料庫 DB08。(注意：讀者需改成自己資料庫名稱)

列 11~13 建立資料庫操作物件。

列 14~18 讀取 Ex45_1.jsp 輸入之更新資料。

列 19　　設定 SQL 指令，將更新資料寫入資料庫。

列 20~21 執行 SQL 指令，並印出執行訊息。

(4) 執行檔案 Ex45.html、Ex45_1.jsp、Ex45_2.jsp：(參考範例 02)

(a) 複製 Ex45.html、Ex45.jsp_1.jsp、Ex45_2.jsp 至目錄：

C:\Program Files\Java\Tomcat 7.0\webapps\examples。

(b) 重新啟動 Tomcat。

(c) 使用者開啟瀏覽器，使用網址http://163.15.40.242:8080/examples/Ex45.html，
其中 163.15.40.242 為網站主機之 IP，8080 為 port。(注意：讀者實作
時應將 IP 改成自己雲端網站之 IP)

(d) 於表單輸入資料(本例鍵入舊帳號 third、舊密碼 345678) \ 按 遞送。

(e) 於 Ex45_1.jsp 次網頁印出舊註冊資料。

(f) 鍵入新資料,覆蓋舊資料。(本例為 aaaa, 111111, 台北市科研路 1 號) \ 按
遞送。

(g) 檢視執行結果。(已更新資料)

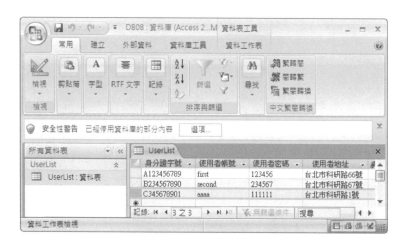

8-6 雲端註冊資料刪除 (Deleting Cloud Registration)

使用者可能因某原因，要撤離雲端網站使用權限，雲端應提供網頁機制 (Page Method)，供使用者刪除註冊資料(Deleting Registration)，維護個人隱私。

範例 46：雲端設計檔案 Ex46.html、Ex46.jsp，提供使用者(Users) 以網頁刪除個人註冊資料。

(1) 設計檔案 Ex46.html：(為本例主網頁，設定表單用以接受使用者鍵入帳號與密碼，並用以驅動 Ex46.jsp 次網頁，編輯於光碟 C:\BookCldApp\Program\ch08\8_6)

```
01 <HTML>
02 <HEAD>
03 <TITLE>Front Page of Ex46</TITLE>
04 </HEAD>
05 <BODY>
06 <FORM METHOD="post" ACTION="Ex46.jsp">
07 <p align="left">
08 <font size="5"><b>Front Page of Ex46 刪除註冊資料</b></font>
09 </p>
10 <p>  </p>
11 <p align="left">
12 <B>鍵入使用者帳號密碼</B></p>
13 <p align="left">
14  使用者帳號 <INPUT TYPE = "text" NAME = "name" SIZE = "10"><br>
15  使用者密碼 <INPUT TYPE = "password" NAME = "pwd" SIZE = "10"><br>
16 </p><p>
17 <INPUT TYPE="submit" VALUE="遞送">
18 <INPUT TYPE="reset" VALUE="取消">
19 </p>
20 </FORM>
21 </BODY>
22 </HTML>
```

列 14~15 設計表單，接受輸入使用者帳號與密碼。

(2) 設計檔案 Ex46.jsp：(為本例次網頁，依主網頁表單輸入之帳號與密碼，刪除註冊資料)

```
01 <%@ page contentType="text/html;charset=big5" %>
02 <%@ page import= "java.sql.*" %>
03 <html>
04 <head><title>Ex46</title></head><body>
05 <p align="center">
06 <font size="5"><b>Sub Page of Ex46</b></font>
07 </p>
```

```
08 <%
```

//宣告變數連接資料庫
```
09   String JDriver = "sun.jdbc.odbc.JdbcOdbcDriver";
10   String connectDB="jdbc:odbc:DB08";

11   Class.forName(JDriver);
12   Connection con = DriverManager.getConnection(connectDB);
13   Statement stmt = con.createStatement();
```

//讀取主網頁表單輸入之帳號與密碼
```
14   request.setCharacterEncoding("big5");
15   String Name = request.getParameter("name");
16   String Pwd = request.getParameter("pwd");
```

//設定 SQL 指令，刪除使用者之註冊資料
```
17   String sql="DELETE FROM UserList WHERE 使用者帳號='" +
               Name + "'AND 使用者密碼='" + Pwd + "';";

18   stmt.execute(sql);
19   stmt.close();
20   con.close();
21 %>
22 <center>
23 成功刪除註冊資料
24 </body>
25 </html>
```

列 09~13 宣告變數連接資料庫。

列 09~10 連接雲端資料庫 DB08。(注意：讀者需改成自己資料庫名稱)

列 11~13 建立資料庫操作物件。

列 14~16 讀取主網頁表單輸入之帳號與密碼。

列 17　　設定 SQL 指令，刪除使用者之註冊資料。

列 18　　執行 SQL 指令。

(3) 執行檔案 Ex46.html、Ex46.jsp：(參考範例 02)

　(a) 複製 Ex46.html、Ex46.jsp 至目錄：

　　C:\Program Files\Java\Tomcat 7.0\webapps\examples。

(b) 重新啟動 Tomcat。

(c) 使用者開啟瀏覽器,使用網址http://163.15.40.242:8080/examples/Ex46.html,
其中 163.15.40.242 為網站主機之 IP,8080 為 port。(注意:讀者實作
時應將 IP 改成自己雲端網站之 IP)

(d) 於表單輸入資料(延續範例 45,本例鍵入帳號 aaaa、密碼 111111)\按遞
送。

(e) 檢視執行結果。(已刪除資料)

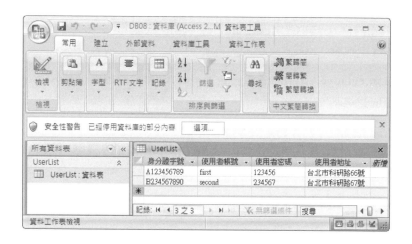

8-7 系列網頁認證接續(Authority Session for Serial Pages)

　　雲端網站功能廣闊，設有多個系列網頁，網頁間有驅動、有接續。使用者經過首網頁認證之後，即可順其驅動接續，自然進入次網頁，如果有一位聰明的有心人，記下次網頁之執行網址，即可在不經過首頁認證下，以次網頁網址進入網站。

　　為了防止如此不完全之認證，我們可使用預設物件 Session，每一被驅動之次網頁，都將附著前一頁之認證影響力，如同遺傳的 DNA，貫穿系列各個次網頁，凡是無 Session 認證之次網頁，都不得被開啟使用。

　　當前一網頁驅動次網頁時，同時也傳遞一個 Session 值，亦即前者網頁與後者網頁有相同之 Session 值。我們可依此 Session 值了解網頁間之驅動關係。常用的方法程序有：

(1) **session.getID()**：讀取 session 內容。

(2) **session.setAttribute(String name, String value)**：設定 session 內容，其中 name 為 session 之名稱、value 為設定該 session 之內容。

(3) **session.getAttribute(String name)**：讀取 session 之內容，其中 name 為 session 之名稱。

(4) **session.removeAttribute(String name)**：刪除 session，其中 name 為 session 之名稱。

> **範例 47**：設計檔案 Ex47_1.jsp、Ex47_2.jsp，**解釋驅動接續網頁間擁有相同之 Session**。

(1) 設計檔案 Ex47_1.jsp：(編輯於光碟 C:\BookCldApp\Program\ch08\8_7\ 8_7_47)

```
01 <%@ page contentType= "text/html;charset=big5" %>
02 <html>
03 <head><title>Ex47_1</title></head><body>
04 <%
05  request.setCharacterEncoding("big5");
06  session = request.getSession();
07  String sessionID = session.getId();
08  out.print("sessionID : " + sessionID + "<br>");
09 %>
10 <FORM METHOD="post" ACTION="Ex47_2.jsp">
11 <INPUT TYPE="submit" VALUE="go to Sub Page">
12 </body>
13 </html>
```

列 06　　建立 Session 物件。(因 session 是預設物件，可不經過宣告，即可使用。同時系統將依序給予一個 Session ID)

列 07　　使用 session.getId() 讀取 Session ID。

列 08　　印出本頁 Session ID。

列 10　　驅動執行次網頁 Ex47_2。

列 11　　設定遞送鈕。

(2) 設計檔案 Ex47_2.jsp：

```
01 <%@ page contentType= "text/html;charset=big5" %>
02 <html>
03 <head><title>Ex47_2</title></head><body>
04 <%
```

```
05   request.setCharacterEncoding("big5");
06   session = request.getSession();
07   String sessionID = session.getId();
08   out.print("sessionID : " + sessionID + "<br>");
09   %>
10   </body>
11   </html>
```

列 06　　建立 Session 物件。(系統將 47_1.jsp 之 Session ID 接續至本網頁)

列 07　　讀取 Session ID。

列 08　　印出本頁 Session ID。

(3) 執行檔案 Ex47_1.jsp、Ex47_2.jsp：(參考範例 02)

(a) 複製 Ex47_1.jsp、Ex47_2.jsp 至目錄：

　　C:\Program Files\Java\Tomcat 7.0\webapps\examples。

(b) 重新啟動 Tomcat。

(c) 開啟瀏覽器，使用網址http://163.15.40.242:8080/examples/Ex47_1.jsp，其中
163.15.40.242 為網站主機之 IP，8080 為 port。(注意：讀者實作時應將
IP 改成自己雲端網站之 IP)

(d) 按下輸入鈕 **go-to-Sub-Page**，執行 JSP 網站次網頁 Ex47_2。(印出
Session 之 ID)

(4) 討論事項：

因 Ex47_1.java 驅動 Ex47_2.java，因而擁有相同之 Session 內容。

範例 48：於雲端網站設計檔案 Ex48.html、Ex48_1.jsp、Ex48_2.jsp，解釋使用認證 Session 貫穿系列次網頁。

---

(1) 設計檔案 **Ex48.html**：(為本例主網頁，設定表單用以接受使用者鍵入帳號與密碼，並用以驅動 Ex48_1.jsp 次網頁，編輯於光碟 C:\BookCldApp\Program\ch08\8_7\8_7_48)

```
01 <HTML>
02 <HEAD>
03 <TITLE>Front Page of Ex48</TITLE>
04 </HEAD>
05 <BODY>
06 <FORM METHOD="post" ACTION="Ex48_1.jsp">
07 <p align="left">
08 <font size="5"><b>Front Page of Ex48 網頁認證接續</b></font>
09 </p>
10 <p>  </p>
11 <p align="left">
12 使用者帳號 <INPUT TYPE="text" NAME="name" SIZE="10"><br>
13 使用者密碼 <INPUT TYPE="pwd" NAME="pwd" SIZE="10">
14 </p>
15 <p>
16 <INPUT TYPE="submit" VALUE="遞送">
17 <INPUT TYPE="reset" VALUE="取消">
18 </FORM>
19 </BODY>
20 </HTML>
```

列 12~13 設計表單，接受輸入使用者帳號與密碼。

(2) 設計檔案 Ex48_1.jsp：(為本例次網頁，設定 Session，比對帳號與密碼，
驅動 Ex48_2.jsp)

```
01 <%@ page contentType= "text/html;charset=big5" %>
02 <%@ page import= "java.sql.*" %>
03 <html>
04 <head><title>Ex48</title></head><body>
05 <p align="center">
06 <font size="5"><b>Sub Page of Ex48</b></font>
07 </p><p align="left">
08 <%
```

//設定 Session
```
09   session = request.getSession();
10   session.setAttribute("ex48", "true");
```

//宣告變數連接資料庫
```
11   String JDriver = "sun.jdbc.odbc.JdbcOdbcDriver";
12   String connectDB="jdbc:odbc:DB08";

13   Class.forName(JDriver);
14   Connection con = DriverManager.getConnection(connectDB);
15   Statement stmt = con.createStatement();
```

//讀取主網頁表單輸入之帳號與密碼
```
16   request.setCharacterEncoding("big5");
17   String Name = request.getParameter("name");
18   String Pwd = request.getParameter("pwd");
```

//設定 SQL 指令，搜尋比對資料庫使用者之註冊資料
```
19   String sql="SELECT * FROM UserList WHERE 使用者帳號='" +
              Name + "'AND 使用者密碼='" + Pwd + "';";
```

//執行 SQL 指令，並印出執行訊息與操作步驟
```
20   ResultSet rs= stmt.executeQuery(sql);
21   boolean flag= false;
22   while(rs.next()) flag= true;
23   if(flag){
24     out.print("帳號密碼無誤");
25     out.print("<FORM METHOD=post ACTION=Ex48_2.jsp>");
26     out.print("<INPUT TYPE=\"submit\" VALUE=\"go to Sub Page\">");
```

```
27  }
28  else {
29    out.print("<p><A HREF=Ex48.html TARGET=");
30    out.print("'_top'");
31    out.print(">帳號密碼有誤!! 請按此回首頁</A></p>");
32  }

33  stmt.close();
34  con.close();
35  %>
36  </body>
37  </html>
```

列 09~10 設定 Session。

列 09　　建立本網頁 Session。

列 10　　設定本網頁 Session 內容。

列 11~15 宣告變數連接資料庫。

列 11~12 連接雲端資料庫 DB08。(注意：讀者需改成自己資料庫名稱)

列 14~15 建立資料庫操作物件。

列 16~18 讀取主網頁表單輸入之帳號與密碼。

列 19　　設定 SQL 指令，搜尋比對資料庫使用者之註冊資料。

列 20~32 執行 SQL 指令，並印出執行訊息與操作步驟。

(3) 設計檔案 Ex46_2.jsp：(為本例次網頁，比對本網頁 Session 是否與前驅動
網頁 Session 一致)

```
01  <%@ page contentType= "text/html;charset=big5" %>
02  <html>
03  <head><title>Ex48_2</title></head><body>
04  <%
05   request.setCharacterEncoding("big5");
06   out.print("This is the Sub Page of Ex48_2" + "<br>");
07   out.print("" + "<br>");

//比對 Session
08   session = request.getSession();
09   if(session.getAttribute("ex48") == "true")
       out.print("本網頁為合法認證網頁" + "<br>");
10    else
```

```
      out.print("本網頁為非法認證網頁" + "<br>");
11 %>
12 </body>
13 </html>
```

列 08　　讀取本網頁之 Session。

列 09~10 比對 Session，並印出訊息。

列 09　　比對本網頁 Session 是否與前驅動網頁 Session 一致，如果一致即比對成功，否則為失敗。

(4) 執行檔案 Ex48.html、Ex48_1.jsp、Ex48_2.jsp：(參考範例 02)

(a) 複製 Ex48.html、Ex48_1.jsp、Ex48_2.jsp 至目錄：

C:\Program Files\Java\Tomcat 7.0\webapps\examples。

(b) 重新啟動 Tomcat。

(c) 使用者開啟瀏覽器，使用網址http://163.15.40.242:8080/examples/Ex48.html，其中 163.15.40.242 為網站主機之 IP，8080 為 port。(注意：讀者實作時應將 IP 改成自己雲端網站之 IP)

(d) 於表單輸入資料(本例鍵入帳號 first、密碼 123456) \ 按 遞送。

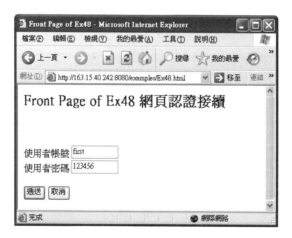

(e) 比對預設之帳號密碼，如果比對成功即印出帳號密碼無誤，否則印出帳號密碼有誤。

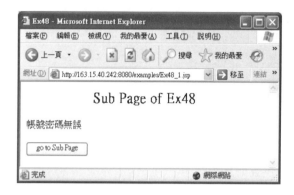

(f) 按 go-to-Sub-Page 驅動執行 Ex48_2。(顯示次網頁 session 認證成功)

(5) 另選定新網頁，直接開啟：http://163.15.40.242:8080/examples/Ex48_2.jsp，
因未經過首頁認證，將顯示為非法網頁。

8-8 習題(Exercises)

1、在雲端網路應用上，為何網路安全維護更顯得重要？

2、在維護雲端網站安全上，應考量那些措施？

3、當使用者(User) 第一次進入雲端操作之前，應如何先註冊？

4、當使用者(Users) 於雲端網站(Cloud Site) 註冊之後，為何即可以帳號 (Account) 與密碼(Password) 登入？

5、預設物件 Session，在維護雲端網站安全上，有何意義？

note

9

第 9 章

▷ **時間操作**
(Time Operations)

9-1 簡介

在雲端網站應用上，時間訊息除了可顯示事件何時發生，還可將多個事件作發生次序排列，在應用設計上增加一個判斷因素，使得應用功能更為廣泛。

JSP 之時間包裹源自類別 java.util.Date，繼承自 Object，以年、月、日、時、分、秒組成之 Date 物件，以 millisecond 為計時單位，編輯程式時，寫入 import java.util.* 執行時間應用程序匯入。

9-2 類別 Date(Class Date)

在實作時間操作之前，我們應先了解類別 Date(Class Date) 之內容，一般來言，一個 Java 類別程序內包括：(1)建構子(Constructor)，用以產生新物件；(2)類別方法程序(Class Method)，不須配合物件，可直接被使用；(3)實體方法程序(Method)，必須配合物件，才可被使用。類別 Date 之內容：

1、建構子：

public **Date()**;

預設建構子，以電腦本身之時間為設定參數。

public **Date(int year, int month, int date)**;

public **Date(int year, int month, int date, int hrs, int min)**;

public **Date(int year, int month, int date, int hrs, int min, int sec)**;

其中 year 從 1900 年開始起算，故要減去 1900。

public Date(long date);

date 為從格林威治時間 1970 年 1 月 1 日以來共經過多少 milliseconds。

public **Date(String s)**;

時間字串解析。

2、類別方法程序：

public static long **parse(String s)**;

字串格式如：s = "Fri, 07 July 2011 22:15:20"。

public static long **UTC(int year, int month, int date, int hrs, int min, int sec)**;

回傳從格林威治時間 1970 年 1 月 1 日以來共經過多少 milliseconds。

3、生存實體方法程序：

(1) 實體讀取時間方法程序：

public int **getYear()**;

public int **getMonth()**;

public int **getDate()**;

public int **getDay()**;

public int **getHours()**;

public int **getMinutes()**;

public int **getSeconds()**;

public long **getTime()**;

回傳時間單位之時間。

(2) 實體設定時間方法程序：

public void setYear(int year);

public void setMonth(int month);

public void setDate(int date);

public void setHours(int hours);

public void setMinutes(int minutes);

public void setSeconds(int seconds);

public void setTime(long time);

設定電腦當時的時間。

(3) 實體 GMT 時間方法程序：

public int getTimezoneOffset();

回傳時區差值，以 seconds 為單位，台灣為 −8 時區。

public String toGMTString();

回傳格林威治(GMT) 時間字串。

public String toLocaleString();

回傳地區時間字串。

9-3 類別方法程序(Class Methods)

在 Java 方法程序中，類別方法程序與一般方法程序不同，前者不須配合物件，可直接被使用；後者必須配合物件，才可被使用。

類別 Date 常用的類別方法程序有：(1) **parse(String s)**，其中參數為時間字串(如 Fri, 07 July 2011 22:15:20)；(2) **UTC(int year, int month, int date, int hrs, int min, int sec)**，其中參數為時間字串(如 111, 7, 8, 08, 15, 00)。兩者均回傳從格林威治時間 1970 年 1 月 1 日以來共經過多少 milliseconds。

將字串轉變成可資運算的數字，在應用上、可輕易對事件發生前後次序作精準判斷、或對事件相對發生時間作精準要求，讀者將在本書爾後各實例，看到其功能之發揮。

範例 49：設計檔案 Ex49.jsp，展示類別方法程序 parse()、UTC() 之操作。

---

(1) 設計檔案 Ex49.jsp：(將時間字串轉變成可資運算的數字，編輯於 C:\BookCldApp\Program\ch9\9_3)

```
01 <%@ page contentType= "text/html;charset=big5" %>
```

```
02 <%@ page import= "java.sql.*, java.util.Date" %>
03 <html>
04 <head><title>Ex49</title></head><body>
05 <p align="left">
06 <font size="5"><b>Page of Ex49</b></font>
07 </p>
08 <%
09  long parse_Date= Date.parse("Fri, 07 July 2011 22:15:20");
10  long UTC_Date= Date.UTC(111, 7, 8, 08, 15, 00);

11  out.print("parse_Date= " + parse_Date + "<br>");
12  out.print("UTC_Date= " + UTC_Date);
13 %>
14 </body>
15 </html>
```

列 02　　匯入類別 Date。

列 09~10　使用類別程序 **parse()**、**UTC()**，將時間字串轉變成可資運算的數
　　　　字。其中 111 為 2011-1900 = 111。

列 11~12　印出執行結果。

(2) 執行檔案 Ex49.jsp：(如範例 02)

　(a) 複製 Ex49.jsp 至目錄：

　　　C:\Program Files\Java\Tomcat 7.0\webapps\examples。

　(b) 重新啟動 Tomcat。

　(c) 開啟瀏覽器，使用網址http://163.15.40.242:8080/examples/Ex49.jsp，
　　　其中 163.15.40.242 為網站主機之 IP，8080 為 port。(注意：讀者實作
　　　時應將 IP 改成自己雲端網站之 IP)

9-4 實體方法程序(Methods)

在 Java 方法程序中，實體方法程序必須配合物件，才可被使用。亦即、必須經過產生新物件之步驟，才可使用。

> **範例 50**：設計檔案 Ex50.jsp，展示實體方法程序讀取單位時間之操作。

(1) 設計檔案 Ex50.jsp：(讀取單位時間，編輯於 C:\BookCldApp\Program\ch9\ 9_4\9_4_50)

```
01 <%@ page contentType= "text/html;charset=big5" %>
02 <%@ page import= "java.sql.*, java.util.Date" %>
03 <html>
04 <head><title>Ex50</title></head><body>
05 <p align="left">
06 <font size="5"><b>Page of Ex50</b></font>
07 </p>
08 <%
09 Date d = new Date();

10  out.print("Year = " + (d.getYear() + 1900) + "<br>");
11  out.print("Month = " + d.getMonth() + "<br>");
12  out.print("Date = " + d.getDate() + "<br>");
13  out.print("Day = " + d.getDay() + "<br>");
14  out.print("Hours = " + d.getHours() + "<br>");
15  out.print("Minutes = " + d.getMinutes() + "<br>");
16  out.print("Seconds = " + d.getSeconds() + "<br>");
17 %>
18 </body>
19 </html>
```

列 02　　匯入類別 Date。

列 09　　使用建構子 Date() 產生新物件 d。

列 10~16 以新物件 d、與各方法程序，讀取各單位時間。Year 要加 1900，因系統是從 1900 開始起算；Month 要加 1，原因不明(系統有錯)。

(2) 執行檔案 Ex50.jsp：(如範例 02)

(a) 複製 Ex50.jsp 至目錄：

C:\Program Files\Java\Tomcat 7.0\webapps\examples。

(b) 重新啟動 Tomcat。

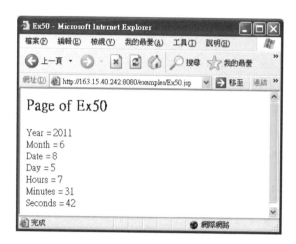

(c) 開啟瀏覽器，使用網址http://163.15.40.242:8080/examples/Ex50.jsp，
其中 163.15.40.242 為網站主機之 IP，8080 為 port。(注意：讀者實作
時應將 IP 改成自己雲端網站之 IP)

範例 51：設計檔案 Ex51.jsp，展示實體方法程序回傳時間之操作。

(1) 設計檔案 Ex51.jsp：(回傳時間，編輯於 C:\BookCldApp\Program\ch9\9_4\
9_4_51)

```
01 <%@ page contentType= "text/html;charset=big5" %>
02 <%@ page import= "java.sql.*, java.util.Date" %>
03 <html>
04 <head><title>Ex51</title></head><body>
05 <p align="left">
06 <font size="5"><b>Page of Ex51</b></font>
07 </p>
08 <%
09  Date d = new Date();

10  String timeStr= d.toLocaleString();
11  String timeGMT= d.toGMTString();
12  long timeLog= d.getTime();
```

```
13  out.print("timeStr= " + timeStr + "<br>");
14  out.print("timeGMT= " + timeGMT + "<br>");
15  out.print("timeLog= " + timeLog + "<br>");
16  %>
17  </body>
18  </html>
```

列 02　　匯入類別 Date。

列 09　　使用建構子 Date() 產生新物件 d。

列 10~12 以新物件 d、與各方法程序，回傳各型態時間。

列 13~15 印出執行結果。

(2) 執行檔案 Ex51.jsp：(如範例 02)

(a) 複製 Ex51.jsp 至目錄：

C:\Program Files\Java\Tomcat 7.0\webapps\examples。

(b) 重新啟動 Tomcat。

(c) 開啟瀏覽器，使用網址http://163.15.40.242:8080/examples/Ex51.jsp，
其中 163.15.40.242 為網站主機之 IP，8080 為 port。(注意：讀者實作
時應將 IP 改成自己雲端網站之 IP)

9-5 習題(Exercises)

1、編撰 JSP 程式,當要作時間設計時,應先匯入何種系統類別?

2、有關時間設計,應考量那些問題?

3、public **Date(long date)** 如何計算 milliseconds?

4、public **Date(int year, int month, int date)** 如何計算年份?

第三篇

私用雲端網站應用
Private Cloud

本書 1-6 節曾述，雲端應用可分為：公用雲端(Public Cloud)、社群雲端(Community Cloud)、私用雲端(Private Cloud)、與混合雲端(Hybrid Cloud)。

其中私用雲端用於特定功能小範圍環境，特別指向機關行號，為了便利業務推行，不受干擾，多點連鎖經營，建立雲端網站，提供單純有效特定儲存和運算功能。

第十章 販售店雲端應用(Grocery Cloud)

販售店是指直接面對客人，出貨收款，其型態包括：雜貨店、便利商店、超市、賣場等。一般電腦化系統應已是普遍建立，在店內設置複雜的同步軟硬體系統，價格昂貴、不易使用、不易維護。本書強調的是雲端網站系統，店內無需置辦任何複雜軟硬體電腦裝置，只需一台簡單電腦(桌上型、手提型、平板型)，以網路連通私用雲端網站，由網站儲存資料、運算資料。

第十一章 餐飲店雲端網站(Restaurant Cloud)

目前平板電腦盛行，如果於每一餐桌放置一台平板電腦，供客人點餐，系統連接雲端網站，連通廚房、收銀櫃，一個簡易餐飲店電腦系統即可設計完成。

第十二章 診所雲端網站(Clinic Cloud)

一個最簡單的診所，最少應由掛號、看診、發藥 3 個部門所組成，各部門無需置辦任何複雜軟硬體電腦裝置，只需台簡單電腦(桌上型、手提型、平板型)，以網路連通私用雲端網站，由網站儲存資料、運算資料。

第十三章 小說漫畫影片租借雲端網站(Rent Cloud)

小說漫畫影片租借系統之設計，猶如是一間小型圖書館之設計，我們可推薦建立私用雲端網站，經營者只需備置簡易電腦，使用網站網頁，即可有效經營，包括多個連鎖店之經營

第十四章 補習班雲端網站(Supplementary School Cloud)

補習班猶如一間小型學校，在雲端網站設計上應考量：學生、教師、課程、教室、成績、經費等項目。本章將這些重點，以範例設計一個最簡單之補習班雲端網站電腦化系統，一旦完成建立，補習班各部門(包括各連鎖班次) 即可以簡單的電腦設備，流暢推展各項業務。

第 **10** 章

▷ # 販售店雲端網站
(Grocery Cloud)

10-1 簡介

　　一間小小的販售店，老板忙進忙出，要招呼客人、要結算付款、要清點補貨、還要掃地清潔，忙得不可開交。如果我們能幫助建立簡單雲端網站系統，販售店將立刻變得工作輕鬆而且有效率。

　　販售店是指直接面對客人，出貨收款，其型態包括：雜貨店、便利商店、超市、賣場等。一般電腦化系統應已是普遍建立，在店內設置複雜的同步軟硬體系統，價格昂貴、不易使用、不易維護。

　　本書強調的是雲端網站系統，店內無需置辦任何複雜軟硬體電腦裝置，只需一台簡單電腦(桌上型、手提型、平板型)，以網路連通私用雲端網站，由網站儲存資料、運算資料。建立販售店雲端網站，應考量：

1、建立雲端網站資料庫：提供儲存店內貨品資料，計算客人購買付款額，統計營業額，建立補貨資料。

2、建立收銀櫃台操作區：登入客人選定商品，計算付款額。

3、建立營業額統計區：統計當日營業額。

4、建立補貨操作區：依適當貨品儲量，提供補貨需求。

10-2 建立範例資料庫

　　依第七章，於目錄 C:\BookCldApp\Program\ch10\Database 建立本章範例資料庫 Grocery.accdb，以 "Grocery" 為資料來源名稱作 ODBC 設定。於操作前，管理員先將雜貨店商品盤點輸入資料表 Informations，包括欄位品號、品名、單價、現有存量、基底量、高限量。(其中基底量為最底存貨量，當存貨少於此量時，即應安排補貨，維持貨源不缺；其中高限量為最高補貨量，避免浪費存貨資本)

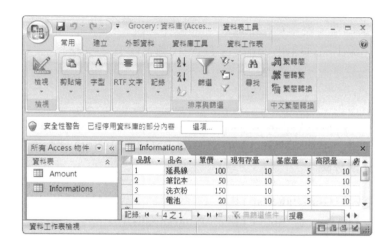

　　建立資料表 Amount 用於統計當日營業額，包括欄位日期、原營業額、新營業額、付款額。(注意：每日營業前，由管理員於欄位"日期"輸入當天日期；於 原營業額、新營業額、付款額 輸入 0)。

10-3 建立網頁分割

　　為了使販售店順利連通雲端網站，我們設計販售店雲端網站網頁，為了方便操作，依操作功能需求，我們將網頁分割成多個區塊，分工又相互關聯。

參考第四章，將本章範例網頁分隔成上、中左、中右、下 4 個區塊。於上端區塊，印出網頁標題；於中左端區塊控制執行項目，執行於中右端區塊；於下端區塊設定返回首頁機制。

範例 52：於雲端網站設計檔案 01GcryPage.jsp、02GcryTop.jsp、03GcryMid_1.jsp、04GcryMid_2.jsp、05GcryBtm.jsp，**建立販售店雲端網站網頁分隔。**

---

(1) 設計檔案 01GcryPage.jsp (建立上、中左、中右、下網頁 4 區塊分隔及空間比率，編輯於 C:\BookCldApp\Program\ch10)

```
01 <HTML>
02 <HEAD>
03 <TITLE>Front Page of Grocery</TITLE>
04 </HEAD>
05 <FRAMESET ROWS= "10%, 80%, 10%" >
06  <FRAME NAME= "GcryTop" SRC= "02GcryTop.jsp">
07  <FRAMESET COLS= "20%,*">
08    <FRAME NAME= "GcryMid_1" SRC= "03GcryMid_1.jsp">
09    <FRAME NAME= "GcryMid_2" SRC= "04GcryMid_2.jsp">
10  </FRAMESET>
11  <FRAME NAME= "GcryBtm" SRC= "05GcryBtm.jsp">
12 </FRAMESET>
13 </HTML>
```

列 05~12 將網頁作上(10%)、中(80%)、下(10%) 3 區塊分隔。

列 06　　上區塊執行檔案 02GcryTop.jsp。

列 07~10 將中區塊作左(20%)、右(80%) 分隔，分別執行檔案 03GcryMid_1.jsp、04GcryMid_2.jsp。

列 12　　下區塊執行檔案 05GcryBtm.jsp。

(2) 設計檔案 02GcryTop.jsp (依 01GcryPage.jsp 安排，執行於網頁上端區塊)

```
01 <%@ page contentType="text/html;charset=big5" %>
02 <html>
03 <head><title>GroceryTop</title></head>
04 <body>
05 <h2 align= "center">販售店雲端網頁</h2>
06 </body>
```

```
07  </html>
```

列 05   印出網頁標題。

(3) 設計檔案 03GcryMid_1.jsp (依 01GcryPage.jsp 安排，於中左端區塊控制執行項目，執行於中右端區塊)

```
01  <%@ page contentType="text/html;charset=big5" %>
02  <html>
03  <head><title>GroceryMid_1</title></head>
04  <body>
05   <A HREF= "06Cashier.html" TARGET= "GcryMid_2">收銀櫃台</A><p>
06   <A HREF= "09DayAmount.html" TARGET= "GcryMid_2">日營業額</A><p>
07   <A HREF= "11Supplement.jsp" TARGET= "GcryMid_2">補貨清單
08  </body>
09  </html>
```

列 05~07 於中左端控制執行項目，執行於中右端區塊。

(4) 設計檔案 04GcryMid_2.jsp (依 01GcryPage.jsp 安排，於中右區塊印出訊息)

```
01  <%@ page contentType="text/html;charset=big5" %>
02  <html>
03  <head><title>GroceryMid_2</title></head>
04  <body>
05  <align= "left">系統執行區
06  </body>
07  </html>
```

列 05   印出訊息。

(5) 設計檔案 05GcryBtm.jsp (依 01GcryPage.jsp 安排，於下端區塊設定返回首頁機制)

```
01  <%@ page contentType="text/html;charset=big5" %>
02  <html>
03  <head><title>GcryBtm</title></head>
04  <body>
05  <a href= "01GcryPage.jsp" target= "_top">回首頁</a>
06  </body>
07  </html>
```

列 05   於下端區塊設定返回首頁機制。

(6) 執行本例項(1)~(5)檔案：(如範例 02)

(a) 為了連貫有序執行，將本例光碟 C:\BookCldApp\Program\ch10 內 11 個
檔案複製至目錄：C:\Program Files\Java\Tomcat7.0\webapps\examples。

(b) 重新啟動 Tomcat。

(c) 使用者開啟瀏覽器，使用網址：

http://163.15.40.242:8080/examples/01GcryPage.jsp，其中 163.15.40.242 為網
站主機之 IP，8080 為 port。(注意：讀者實作時應將 IP 改成自己雲端網
站之 IP)

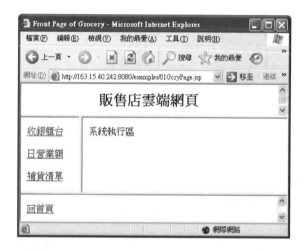

10-4 收銀櫃台

當客人將選購品遞交櫃台時，輸入該商品資料，系統自動將資料輸入資
料庫，並計算付款額。

本節設計 06Cashier.html，建立表單，當客人遞交商品時，輸入日期、
與商品之品號、數量；設計 07Cashier.jsp，將販售資料輸入資料庫；設計
08Pay.jsp，計算當次付款總額。

範例 **53**：於雲端網站設計檔案 06Cashier.html、07Cashier.jsp、08Pay.jsp，使用資料庫 Grocery.accdb，**建立收銀櫃台**。

(1) 設計檔案 06Cashier.html（由 03GcryMid_1.jsp 驅動執行，建立表單，當客人遞交商品時，輸入日期、與商品之品號、數量，編輯於 C:\BookCldApp\Program\ch10）

```
01 <HTML>
02 <HEAD>
03 <TITLE>Cashier</TITLE>
04 </HEAD>
05 <BODY>
06 <FORM METHOD="post" ACTION="07Cashier.jsp">
07 <p align="left">
08 <font size="5"><b>輸入販售日期、品號、與數量</b></font>
09 </p>
11 <p>  </p>
12 <p align="left">
13 日期：<INPUT TYPE="text" NAME="timeday" SIZE="10">
            (YYYYMMDD 如 20110715)<br>
14 品號：<INPUT TYPE="text" NAME="index" SIZE="10"><br>
15 數量：<INPUT TYPE="text" NAME="number" SIZE="10">
16 </p>
17 <p>
18 <INPUT TYPE="submit" VALUE="遞送">
19 <INPUT TYPE="reset" VALUE="取消">
20 </FORM>
21 </BODY>
22 </HTML>
```

列 06 　　驅動執行 07Cashier.jsp。

列 13~15 建立表單，當客人遞交商品時，輸入日期、與商品之品號、數量。

(2) 設計檔案 07Cashier.jsp（由 06Cashier.html 驅動執行，將販售資料輸入資料庫）

```
01 <%@ page contentType= "text/html;charset=big5" %>
02 <%@ page import= "java.sql.*" %>
03 <html>
04 <head><title>Cashier</title></head><body>
05 <p align="left">
06 <font size="5"><b>收銀櫃台操作</b></font></p><p>
```

```
07 <%

//連接資料庫
08   String JDriver = "sun.jdbc.odbc.JdbcOdbcDriver";
09   String connectDB="jdbc:odbc:Grocery";
10   Class.forName(JDriver);
11   Connection con = DriverManager.getConnection(connectDB);
12   Statement stmt = con.createStatement();
13   request.setCharacterEncoding("big5");

//宣告變數，讀取前頁表單內容，建立初值
14   String dayStr= request.getParameter("timeday");
15   String indexStr= request.getParameter("index");
16   String numStr= request.getParameter("number");
17   int saleNum= Integer.parseInt(numStr);
18   int stockNum= 0;
19   int priceInt= 0;
20   int amountInt= 0;
21   int saleamountInt= 0;

//設定 Session 接續機制，對次頁傳遞日期
22   session= request.getSession();
23   session.setAttribute("timeDay", dayStr);

//設定 SQL 指令，讀取資料表 Informations 之內容
24   String sql1="SELECT *  FROM Informations WHERE 品號='" +
                indexStr  + "';";
25   if(stmt.execute(sql1)) {
26     ResultSet rs1= stmt.getResultSet();
27     while (rs1.next()) {
28       priceInt= rs1.getInt("單價");
29       stockNum= rs1.getInt("現有存量");
30     }
31   }

//設定 SQL 指令，更新貨品存量
32   stockNum= stockNum - saleNum;
33   String sql2= "UPDATE Informations SET 現有存量= " +
                stockNum + " WHERE 品號= '" + indexStr + "';";
34   stmt.executeUpdate(sql2);

//設定 SQL 指令，更新營業額值
35   String sql3= "SELECT *  FROM Amount WHERE 日期='" +
```

```
                     dayStr  + "';";
36  if(stmt.execute(sql3)) {
37    ResultSet rs3= stmt.getResultSet();
38    while (rs3.next()) {
39      amountInt= rs3.getInt("新營業額");
40    }
41  }

42  saleamountInt= priceInt * saleNum;
43  amountInt= amountInt + saleamountInt;
44  String sql4= "UPDATE Amount SET 新營業額= " +
                 amountInt + " WHERE 日期= '" + dayStr + "';";
45  stmt.executeUpdate(sql4);

//關閉資料庫
46  stmt.close();
47  con.close();
48 %>

//驅動次網頁
49 <a href= "06Cashier.html" >繼續輸入本次其他項品</a></p>
50 <a href= "08Pay.jsp" >完成輸入  印出本次付款額</a>

51 </body>
52 </html>
```

列 08~13 連接資料庫，建立操作機制。

列 14~21 宣告變數，讀取前頁表單內容，建立初值。

列 22~23 設定 Session 接續機制，對次頁傳遞日期。

列 24~31 設定 Sql 指令，讀取資料表 Informations 內該商品之單價與現有存量。

列 32~34 設定 Sql 指令，求取該商品之剩儲量(即現有存量減去此次賣出量)，再將其更新 Informations 內之現有存量。

列 35~41 設定 Sql 指令，讀取資料表 Amount 內之營業額。

列 42~45 設定 Sql 指令，求取營業總額(即現有營業額加上此次收銀額)，再將其更新 Amount 內之營業額。

列 46~47 關閉資料庫。

列 49~50 驅動次網頁。

(3) 設計檔案 **08Pay.jsp** (由 06Cashier.html 驅動執行，統計付款總額)

```
01 <%@ page contentType= "text/html;charset=big5" %>
02 <%@ page import= "java.sql.*" %>
03 <html>
04 <head><title>Cashier</title></head><body>
05 <p align="left">
06 <font size="5"><b>印出付款額</b></font></p><p>
07 <%

//連接資料庫
08   String JDriver = "sun.jdbc.odbc.JdbcOdbcDriver";
09   String connectDB="jdbc:odbc:Grocery";
10   Class.forName(JDriver);
11   Connection con = DriverManager.getConnection(connectDB);
12   Statement stmt = con.createStatement();
13   request.setCharacterEncoding("big5");

//宣告變數並設定初值
14   int old_amountInt= 0;
15   int new_amountInt= 0;
16   int pay_amountInt= 0;

17   String dayStr= session.getAttribute("timeDay").toString();

//設定 SQL 指令，讀取資料表 Amount 內容
18   String sql1= "SELECT *  FROM Amount WHERE 日期='" +
                 dayStr  + "';";
19   if(stmt.execute(sql1)) {
20     ResultSet rs1= stmt.getResultSet();
21     while (rs1.next()) {
22       old_amountInt= rs1.getInt("原營業額");
23       new_amountInt= rs1.getInt("新營業額");
24     }
25   }

//以新營業額與原營業額之差，求取付款額
26   pay_amountInt= new_amountInt - old_amountInt;
27   String sql2= "UPDATE Amount SET 付款額 = " +
                 pay_amountInt + " WHERE 日期= '" + dayStr + "';";
28   stmt.executeUpdate(sql2);
```

```
29   String sql3= "UPDATE Amount SET 原營業額 = " +
                  new_amountInt + " WHERE 日期= '" + dayStr + "';";
30   stmt.executeUpdate(sql3);

31   out.print("本次付款額： " + pay_amountInt);

//關閉資料庫
32   stmt.close();
33   con.close();
34   %>

35   </body>
36   </html>
```

列 08~13 連接資料庫，建立操作機制。

列 14~16 宣告變數並設定初值。

列 17　　讀取 Session 之接續值，設定日期。

列 18~25 設定 SQL 指令，讀取資料表 Amount 內容。

列 26~31 以新營業額與原營業額之差，求取付款額。

列 26　　求取新營業額與原營業額之差值。

列 27~28 更新付款額。

列 29~30 更新原營業額。

列 31　　印出付款額。

列 32~33 關閉資料庫。

(4) 檢視資料庫 Grocery.accdb：(如 10-2 節)

　　注意：每日營業前，由管理員務必於資料表 Amount 之欄位 "日期" 輸入當
　　　　　天日期；於 "原營業額" "新營業額" "付款額" 輸入 0。

(5) 執行本例項(1)~(3)檔案：(如範例 02)

　　(a) 為了連貫有序執行，檢視已將本例光碟 C:\BookCldApp\Program\ch10
　　　　內 11 個檔案複製至目錄：C:\Program Files\Java\Tomcat 7.0\webapps\
　　　　examples。

　　(b) 重新啟動 Tomcat。

(c) 使用者開啟瀏覽器，使用網址：

http://163.15.40.242:8080/examples/01GcryPage.jsp，其中 163.15.40.242 為網站主機之 IP，8080 為 port。(注意：讀者實作時應將 IP 改成自己雲端網站之 IP)

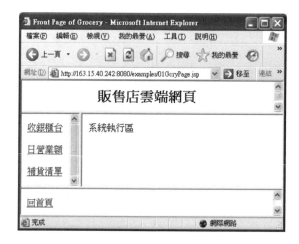

(d) 當客人交遞購買品時，點選 **收銀櫃台** \ 輸入日期與商品資料 \ 按 **遞送**。

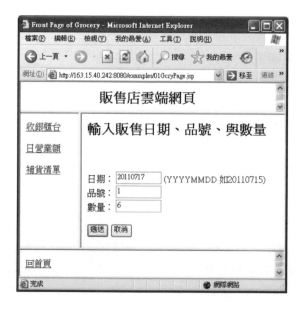

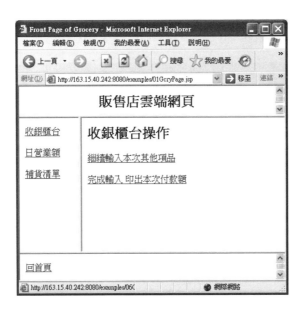

(e) 按 **繼續輸入本次其他項品**。(如果還有其他項品待輸入,則按"繼續輸入本次其他項品",否則按"完成輸入 印出本次付款額")

(f) 輸入資料 \ 按 **遞送**

(g) 按 完成輸入 印出本次付款額。

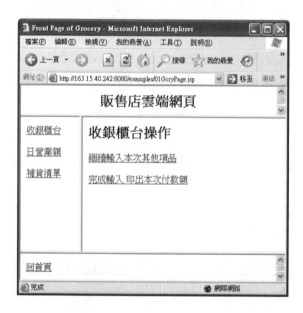

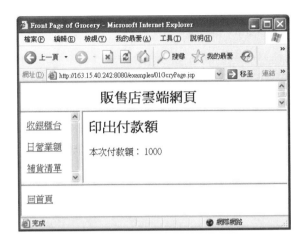

(h) 檢視資料表 Informations。(其中延長線之存量已從 10 更新成 4；筆記本之存量已從 10 更新成 2)

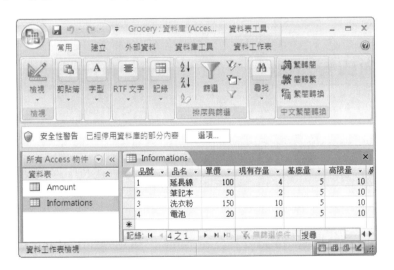

(i) 檢視資料表 Amount，已統計完成。

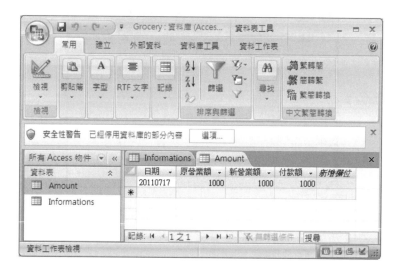

10-5 列印營業額

　　小雜貨店最關心的問題，應是賺不賺錢，每日到底做了多少生意，於本章範例，只要一按鍵，立即印出當日營業額，取代費神費時的人工統計。

　　本節設計檔案 09DayAmount.html，建立資料表，等待輸入查詢營業額日期；設計檔案 10DayAmount.jsp，表格整齊印出當日營業額。

範例 54：設計檔案 09DayAmount.html、10DayAmount.jsp，使用資料庫 Grocery.accdb，**列印當日營業額**。

---

(1) 設計檔案 **09DayAmount.html** (由 03GcryMid_1.jsp 驅動執行，建立資料表，等待輸入查詢營業額日期；驅動執行 10DayAmount.jsp，編輯於 C:\BookCldApp\Program\ch10)

```
01 <HTML>
02 <HEAD>
03 <TITLE>Cashier</TITLE>
04 </HEAD>
```

```
05 <BODY>
06 <FORM METHOD="post" ACTION="10DayAmount.jsp">
07 <p align="left">
08 <font size="5"><b>輸入營業額查詢日期</b></font>
09 </p>
10 <p> </p>
11 <p align="left">
12 日期：<INPUT TYPE="text" NAME="timeday" SIZE="10">
              (YYYYMMDD 如 20110715)<br>
13 </p>
<p>
14 <INPUT TYPE="submit" VALUE="遞送">
15 <INPUT TYPE="reset" VALUE="取消">
16 </FORM>
17 </BODY>
</HTML>
```

列 06　　驅動執行 10DayAmount.jsp。

列 12　　建立資料表，等待輸入查詢營業額日期。

(2) 設計檔案 10DayAmount.jsp（表格整齊印出當日營業額）

```
01 <%@ page contentType="text/html;charset=big5" %>
02 <%@ page import= "java.sql.*, java.util.Date" %>
03 <html>
04 <head><title>DayAmount</title></head><body>
05 <%

//連接資料庫
06  String JDriver = "sun.jdbc.odbc.JdbcOdbcDriver";
07  String connectDB="jdbc:odbc:Grocery";
08  Class.forName(JDriver);
09  Connection con = DriverManager.getConnection(connectDB);
10  Statement stmt = con.createStatement();

//宣告變數，讀取前網頁表單之輸入日期
11  request.setCharacterEncoding("big5");
12  String dayStr= request.getParameter("timeday");

//設定 SQL 指令，讀取資料表 Amount 內容
13  String sql= "SELECT * FROM Amount WHERE 日期= '" +
              dayStr + "';";
```

```
14   %><font size="3"><b>日營業額</b></font></p><p><%
```

//印出日營業額

```
15   if (stmt.execute(sql))    {
16     ResultSet rs = stmt.getResultSet();
17     %><TABLE BORDER= "1">
18     <TR><TD>日期</TD><TD>營業額</TD> </TR><%
19     while (rs.next()) {
20       int amountInt= rs.getInt("新營業額");
21       out.print("<TR>");
22       out.print("<TD>"); out.print(dayStr); out.print("</TD>");
23       out.print("<TD>"); out.print(amountInt); out.print("</TD>");
24       out.print("</TR>");
25     }
26     out.print("</TABLE><P></P>");
27   }
```

//關閉資料庫

```
28   stmt.close();
29   con.close();
30   %>

31   </body>
32   </html>
```

列 06~10 連接資料庫、建立操作機制。

列 11~12 宣告變數，讀取前網頁表單之輸入日期。

列 13　　設定 SQL 指令，讀取資料表 Amount 內容。

列 15~27 設定 Sql 指令，表格整齊印出當日營業額。

列 20　　讀取日營業額。

列 17~16 製作表格印出。

(3) 執行本例項(1)~(2)檔案：(如範例 02)

　　(a) 為了連貫有序執行，檢視已將本例光碟 C:\BookCldApp\Program\ch10
　　　　內 11 個檔案複製至目錄：C:\Program Files\Java\Tomcat 7.0\webapps\
　　　　examples。

　　(b) 重新啟動 Tomcat。

(c) 使用者開啟瀏覽器，使用網址：

http://163.15.40.242:8080/examples/01GcryPage.jsp，其中 163.15.40.242 為網站
主機之 IP，8080 為 port。(注意：讀者實作時應將 IP 改成自己雲端網站
之 IP)

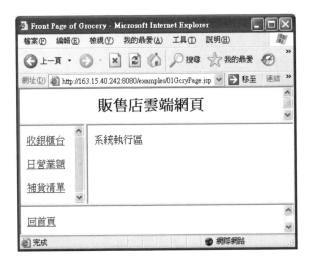

(d) 點選 日營業額 \ 輸入日期 \ 按 遞送。

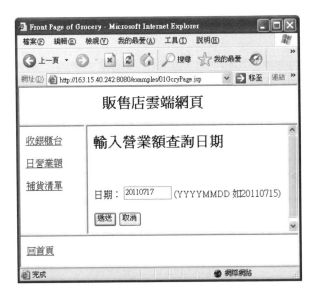

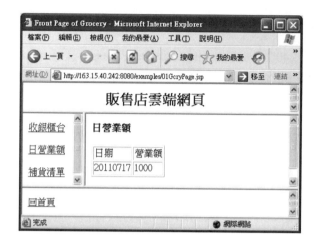

10-6 列印補貨清單

　　雜貨店另一繁瑣問題是盤存補貨單，本節設計 11Supplement.jsp，在不浪費存貨資本上，自動列出凡低於基底量之貨品，並將其補量至高限量。

> **範例 55**：設計檔案 11Supplement.jsp，使用資料庫 Grocery.accdb，列印**補貨清單**。(本例為本章完整雜貨店雲端網站設計)

(1) 設計 **11Supplement.jsp** (列出凡低於基底量之貨品，並將其補量至高限量，編輯於 C:\BookCldApp\Program\ch10)

```
01 <%@ page contentType="text/html;charset=big5" %>
02 <%@ page import= "java.sql.*, java.util.Date" %>
03 <html>
04 <head><title>Supplement</title></head><body>
05 <%

//連接資料庫
06   String JDriver = "sun.jdbc.odbc.JdbcOdbcDriver";
07   String connectDB="jdbc:odbc:Grocery";
08   Class.forName(JDriver);
09   Connection con = DriverManager.getConnection(connectDB);
10   Statement stmt = con.createStatement();
```

```
//設定 SQL 指令，讀取資料表 Information 內容
11   request.setCharacterEncoding("big5");
12   String sql= "SELECT * FROM Informations WHERE 基底量 >= 現有存量";

13   %><font size="3"><b>補貨清單</b></font></p><p><%

//表格印出補貨單
14   if (stmt.execute(sql))    {
15     ResultSet rs = stmt.getResultSet();
16     %><TABLE BORDER= "1">
17     <TR><TD>品號</TD><TD>品名</TD><TD>單價</TD>
       <TD>補貨量</TD></TR><%
18     while (rs.next()) {
19       String indexStr= rs.getString("品號");
20       String nameStr= rs.getString("品名");
21       int priceInt= rs.getInt("單價");
22       int stockInt= rs.getInt("現有存量");
23       int topInt= rs.getInt("高限量");
24       int supInt= topInt - stockInt;
25       out.print("<TR>");
26       out.print("<TD>"); out.print(indexStr); out.print("</TD>");
27       out.print("<TD>"); out.print(nameStr); out.print("</TD>");
28       out.print("<TD>"); out.print(priceInt); out.print("</TD>");
29       out.print("<TD>"); out.print(supInt); out.print("</TD>");
30       out.print("</TR>");
31     }
32     out.print("</TABLE><P></P>");
33   }

//關閉資料庫
34   stmt.close();
35   con.close();
36 %>
37 </body>
38 </html>
```

列 06~10 連接資料庫、建立操作機制。

列 11~12 設定 SQL 指令，讀取資料表 Information 中低於基底量之貨品。

列 14~33 印出補貨清單，列出凡低於基底量之貨品，並將其補量至高限量。

列 34~35 關閉資料庫。

(2) 執行本例項(1)檔案：(如範例 02)

(a) 為了連貫有序執行，檢視已將本例光碟 C:\BookCldApp\Program\ch10 內 11 個檔案複製至目錄：C:\Program Files\Java\Tomcat 7.0\webapps\ examples。

(b) 重新啟動 Tomcat。

(c) 使用者開啟瀏覽器，使用網址：

http://163.15.40.242:8080/examples/01GcryPage.jsp，其中 163.15.40.242 為網站 主機之 IP，8080 為 port。(注意：讀者實作時應將 IP 改成自己雲端網站 之 IP)

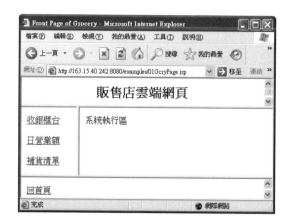

(d) 點選 **補貨清單**。(印出補貨單)

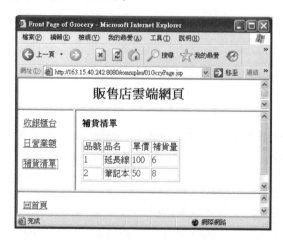

10-7 習題(Exercises)

1、建立一個最簡易販售店雲端網站網頁，應考量那些設計問題？

2、建立一個最簡易販售店雲端網站資料庫，應考量那些設計資料表？

3、本章範例網頁分隔成上、中左、中右、下 4 個區塊，其意義為何？

4、本章範例資料庫建立欄位基底量與高限量？其中用意為何？

5、嘗試為您家附近 7-11 店，設計雲端網站網頁。

note

第 **11** 章

▷ # 餐飲店雲端網站
(Restaurant Cloud)

11-1 簡介

放眼大街小巷，總是餐飲小吃林立，如果能將營業流程電腦化，不僅可增加效率，還可流露出高級的氣勢，在客人眼裡多少也是加分。

目前平板電腦盛行，如果於每一餐桌放置一台平板電腦，供客人點餐，系統連接雲端網站，連通廚房、收銀櫃，一個簡易餐飲店電腦系統即可設計完成。本章範例將設計流程劃分成 5 個區塊：

1、**建立雲端網站資料庫**：提供儲存店內餐單資料，建立各桌點餐資料，計算付款額，計算營業額，使客人用餐流程順利執行。

2、**建立點餐服務區**：指派服務人員，帶領座位、協助點餐、負責送餐、清理餐桌；

3、**建立廚房料理區**：接到客人點餐單後，依菜單內容準備餐食，印出隨餐清單交由服務生送餐；

4、**建立櫃台收銀區**：印出帳單向客人收銀；

5、**建立餐桌清理區**：服務人員清理餐桌，同時刪除前次用餐客人之輔助資料表，準備迎接下次客人用餐。

6、**建立營業額統計區**：統計當日營業額。

11-2 建立範例資料庫

依第七章，於目錄 C:\BookCldApp\Program\ch11\Database 建立資料庫 Restaurant.accdb，以 "Restaurant" 為資料來源名稱作 ODBC 設定。並建 2 個基本資料表。

建立資料表 Informations，用於儲存餐單資料，包括欄位品號、品名、單價。雲端網站管理員先輸入可用餐單。

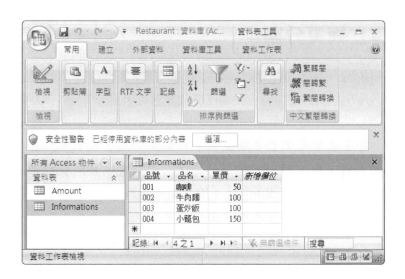

建立資料表 Amount，用於統計當日營業額，包括欄位日期、營業額。(每日營業前，由管理員於欄位 "日期" 輸入當天日期；於 "營業額" 輸入 0)

11-3 建立網頁分割

　　參考第四章,將本章範例網頁分隔成上、中左、中右、下 4 個區塊。於上端區塊,印出網頁標題;於中左端區塊控制執行項目,執行於中右端區塊;於下端區塊設定返回首頁機制。

> **範例 56**:設計檔案 01RestPage.jsp、02RestTop.jsp、03RestMid_1.jsp、04RestMid_2.jsp、05RestBtm.jsp,**建立餐飲店雲端網站網頁分隔。**

(1) 設計檔案 **01RestPage.jsp**(建立上、中左、中右、下網頁 4 區塊分隔及空間比率,編輯於 C:\BookCldApp\Program\ch11)

```
01 <HTML>
02 <HEAD>
03 <TITLE>Front Page of Restuarant</TITLE>
04 </HEAD>
05 <FRAMESET ROWS= "10%, 80%, 10%" >
06  <FRAME NAME= "RestTop" SRC= "02RestTop.jsp">
07  <FRAMESET COLS= "20%,*">
08    <FRAME NAME= "RestMid_1" SRC= "03RestMid_1.jsp">
09    <FRAME NAME= "RestMid_2" SRC= "04RestMid_2.jsp">
10  </FRAMESET>
11  <FRAME NAME= "RestBtm" SRC= "05RestBtm.jsp">
12 </FRAMESET>
13 </HTML>
```

列 05~12　將網頁作上(10%)、中(80%)、下(10%) 3 區塊分隔。

列 06　　　上區塊執行檔案 02RestTop.jsp。

列 07~10　將中區塊作左(20%)、右(80%) 分隔,分別執行檔案 03RestMid_1.jsp、04RestMid_2.jsp。

列 11　　　下區塊執行檔案 05RestBtm.jsp。

(2) 設計檔案 **02RestTop.jsp**(依 01RestPage.jsp 安排,執行於網頁上端區塊)

```
01 <%@ page contentType="text/html;charset=big5" %>
02 <html>
03 <head><title>RestTop</title></head>
04 <body>
```

```
05 <h2 align= "center">餐飲店雲端網頁</h2>
06 </body>
07 </html>
```

列 05　　印出網頁標題。

(3) 設計檔案 03RestMid_1.jsp (依 01RestPage.jsp 安排，於中左端區塊控制執行項目，執行顯示於中右端區塊)

```
01 <%@ page contentType="text/html;charset=big5" %>
02 <html>
03 <head><title>RestMid_1</title></head>
04 <body>
05 <A HREF= "06Table.html" TARGET= "RestMid_2">點餐服務</A><p>
06 <A HREF= "10Kitchen.html" TARGET= "RestMid_2">廚房料理</A><p>
07 <A HREF= "12Cashier.html" TARGET= "RestMid_2">櫃台收銀</A><p>
08 <A HREF= "14Clean.html" TARGET= "RestMid_2">清理餐桌</A><p>
09 <A HREF= "16DayAmount.html" TARGET= "RestMid_2">日營業額</A>
10 </body>
11 </html>
```

列 05~09 於中左端控制執行項目，執行於中右端區塊。

(4) 設計檔案 04RestMid_2.jsp (依 01RestPage.jsp 安排，於中左區塊印出訊息)

```
01 <%@ page contentType="text/html;charset=big5" %>
02 <html>
03 <head><title>RestMid_2</title></head>
04 <body>
05 <align= "left">系統執行區
06 </body>
07 </html>
```

列 05　　印出訊息。

(5) 設計檔案 05RestBtm.jsp.jsp (依 01RestPage.jsp 安排，於下端區塊設定返回首頁機制)

```
01 <%@ page contentType="text/html;charset=big5" %>
02 <html>
03 <head><title>RestBtm</title></head>
04 <body>
05 <a href= "01RestPage.jsp" target= "_top">回首頁</a>
```

```
06 </body>
07 </html>
```

列 05　　於下端區塊設定返回首頁機制。

(6) 執行項(1)~(5)檔案：(如範例 02)

(a) 為了連貫有序執行，將本例光碟 C:\BookCldApp\Program\ch11 內 17 個
檔案複製至目錄：C:\Program Files\Java\Tomcat 7.0\webapps\examples

(b) 重新啟動 Tomcat。

(c) 使用者開啟瀏覽器，使用網址：

http://163.15.40.242:8080/examples/01RestPage.jsp，其中 163.15.40.242 為網站
主機之 IP，8080 為 port。(注意：讀者實作時應將 IP 改成自己雲端網站
之 IP)

11-4 建立餐桌資料

當客人走進餐飲店，服務人員帶領至空位餐桌，系統等待點餐服務：(1) 服務人員輸入日期、餐桌編號、服務人員姓名；(2)系統建立桌號所屬新資料表與查詢表。

範例 57：設計檔案 06Table.html、07Table.jsp，使用資料庫 Restaurant.accdb，建立餐桌操作區。

---

(1) 設計檔案 06Table.html (由 03RestMid_1.jsp 驅動執行，建立表單，等待輸入餐桌基本資料，編輯於 C:\BookCldApp\Program\ch11)

```
01 <HTML>
02 <HEAD>
03 <TITLE>Table</TITLE>
04 </HEAD>
05 <BODY>
06 <FORM METHOD="post" ACTION="07Table.jsp">
07 <p align="left">
08 <font size="5"><b>輸入日期、桌號、侍者</b></font>
09 </p>
10 <p>  </p>
11 <p align="left">
12   點餐日期：  <INPUT TYPE="text" NAME="timeday" SIZE="10">
                (YYYYMMDD 如 20110715)<br>
13   餐桌編號： <INPUT TYPE="text" NAME="tableID" SIZE="10"><br>
14   侍者姓名： <INPUT TYPE="text" NAME="waiter" SIZE="10"><br>
15 </p>
16 <p>
17 <INPUT TYPE="submit" VALUE="遞送">
18 <INPUT TYPE="reset" VALUE="取消">
19 </FORM>
20 </BODY>
21 </HTML>
```

列 06　　驅動執行 07Table.jsp。

列 12~14 建立表單，等待輸入餐桌基本資料。

(2) 設計檔案 07Table.jsp (由 06Table.html 驅動執行，以餐桌編號為字根，建立字串，用於建立該餐桌新資料表 Bill、Serv 與查詢表 Total，用於服務與結帳)

```
01 <%@ page contentType= "text/html;charset=big5" %>
02 <%@ page import= "java.sql.*" %>
03 <html>
04 <head><title>Table</title></head><body>
05 <p align="left">
06 <font size="5"><b>點餐操作</b></font></p><p>
07 <%

//連接資料庫
08   String JDriver = "sun.jdbc.odbc.JdbcOdbcDriver";
09   String connectDB="jdbc:odbc:Restaurant";
10   Class.forName(JDriver);
11   Connection con = DriverManager.getConnection(connectDB);
12   Statement stmt = con.createStatement();
13   request.setCharacterEncoding("big5");

//宣告變數、讀取前頁表單內容
14   String timeStr= request.getParameter("timeday");
15   String tableStr= request.getParameter("tableID");
16   String waiterStr= request.getParameter("waiter");

//建立 Session 接續值
17   session= request.getSession();
18   session.setAttribute("Rest", "true");
19   session.setAttribute("timeDay", timeStr);
20   session.setAttribute("tableID", tableStr);
21   session.setAttribute("waiter", waiterStr);

//宣告變數，準備建立桌次所屬新資料表與查詢表
22   String tableBill= tableStr + "Bill";
23   String tableServ= tableStr + "Serv";
24   String tableTotal= tableStr + "Total";

//設定 SQL 指令，建立資料表 Bill
25   String sql1= "CREATE TABLE " + tableBill + "(" +
                  "品號 TEXT(10), " +
                  "品名 TEXT(20), " +
                  "單價 INTEGER, " +
```

```
                                      "數量 INTEGER, " +
                                      "總價 INTEGER)";
26  stmt.executeUpdate(sql1);

//設定 SQL 指令，建立查詢表 Total
27  String sql2= "CREATE VIEW " + tableTotal +
                 " AS SELECT Sum([" + tableBill + "]![總價]) AS 合計 FROM " +
                 tableBill + ";";
28  stmt.executeUpdate(sql2);

//設定 SQL 指令，建立資料表 Serv
29  String sql3= "CREATE TABLE " + tableServ + "(" +
                 "品號 TEXT(10), " +
                 "品名 TEXT(20), " +
                 "數量 INTEGER, " +
                 "侍者 TEXT(10))";
30  stmt.executeUpdate(sql3);

//驅動 08ReadForm.jsp 領取餐單
31  out.print("<A HREF=");
32  out.print("'08ReadForm.jsp'");
33  out.print(">領取餐單</A></p><p>");

//關閉資料庫
34  stmt.close();
35  con.close();
36  %>
37  </body>
37  </html>
```

列 08~13 連接資料庫，建立操作機制。

列 14~16 宣告變數、讀取前頁表單內容。

列 17~21 建立網頁 Session 接續物件，將資料傳遞給爾後網頁。

列 22~24 宣告變數，準備建立桌號所屬新資料表與查詢表

列 25~26 設定 SQL 指令，建立資料表 Bill，用於該餐桌帳單。

列 27~28 設定 SQL 指令，建立查詢表 Total，用於統計該餐桌帳單之合計。

列 29~30 設定 SQL 指令，建立資料表 Serv，用於該餐桌送餐服務。

列 31~33 驅動 08ReadForm.jsp 領取餐單。

列 34~35 關閉資料庫

(3) 檢視資料庫 Restuarant.accdb：(如 11-2 節)

　　注意：每日營業前，由管理員務必於資料表 Amount 之欄位 "日期" 輸入當
　　　　　天日期；於 "營業額" 輸入 0。

(4) 執行本例項(1)~(2)檔案：(如範例 02)

　　(a) 為了連貫有序執行，檢視已將本例光碟 C:\BookCldApp\Program\ch11
　　　　內 17 個檔案複製至目錄：C:\Program Files\Java\Tomcat 7.0\webapps\
　　　　examples

　　(b) 重新啟動 Tomcat。

　　(c) 使用者開啟瀏覽器，使用網址：

　　　　http://163.15.40.242:8080/examples/01RestPage.jsp，其中 163.15.40.242 為網站
　　　　主機之 IP，8080 為 port。(注意：讀者實作時應將 IP 改成自己雲端網站
　　　　之 IP)

(d) 按 **點餐服務** \ 輸入資料。

(e) 領取餐單。(將於下一節解說)

(f) 檢視資料庫。(已以桌號為字根，建立新資料表 xxBill，用為結帳清單)

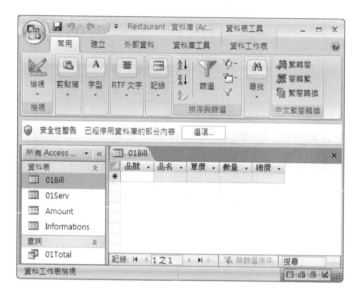

(g) 檢視資料庫。(已以桌號為字根，建立新查詢表 xxTotal，用為統計帳單合計)

(h) 檢視資料庫。(已以桌號為字根，建立新資料表 xxServ，用為送餐服務)

11-5 建立點餐資料

　　延續前節領取餐單：(1)網頁列出餐點名目；(2)客人輸入品號與數量；(3)系統自動將資料寫入前節建立之該桌資料表或查詢表，用以建立送餐單與結帳單；(4)服務人員依送餐單送餐；(5)櫃台依結帳單收費。

範例 58：設計檔案 08ReadForm.jsp、09WriteForm.jsp，使用資料庫 Restaurant.accdb，執行點餐流程。

(1) 設計檔案 08ReadForm.jsp (將資料表 Informations 內所有餐品資料以表格整齊印出，提供客人點選，編輯於 C:\BookCldApp\Program\ch11)

```
01 <%@ page contentType="text/html;charset=big5" %>
02 <%@ page import= "java.sql.*" %>
03 <%@ page import= "java.io.*" %>
04 <html>
05 <head><title>ReadForm</title></head><body>
06 <p align="left">
```

```
07 <font size="5"><b>列出餐單</b></font>
08 </p>
09 <%
```

//連接資料庫
```
10  String JDriver = "sun.jdbc.odbc.JdbcOdbcDriver";
11  String connectDB="jdbc:odbc:Restaurant";
12  Class.forName(JDriver);
13  Connection con = DriverManager.getConnection(connectDB);
14  Statement stmt = con.createStatement();
```

//確定本網頁接續自 07Table.jsp
```
15  boolean flag= false;
16  if(session.getAttribute("Rest") == "true") flag= true;
```

//讀取資料表 Information 所列餐品資料
```
17  request.setCharacterEncoding("big5");
18  String sql="SELECT * FROM Informations" ;

19  if (stmt.execute(sql) && flag)    {
20    ResultSet rs = stmt.getResultSet();
21    %><TABLE BORDER= "1">
22    <TR><TD>品號</TD><TD>品名</TD>
       <TD>單價</TD> </TR><%
23    while (rs.next()) {
        String indexStr= rs.getString("品號");
        String productStr= rs.getString("品名");
        int priceInt= rs.getInt("單價");
        out.print("<TR>");
        out.print("<TD>");   out.print(indexStr);   out.print("</TD>");
        out.print("<TD>");    out.print(productStr);
out.print("</TD>");
        out.print("<TD>");   out.print(priceInt);   out.print("</TD>");
        out.print("</TR>");
        }
       out.print("</TABLE><P></P>");
```

//建立表單提供點餐
```
24    out.print("<FORM METHOD=post  ACTION=09WriteForm.jsp>");
25    out.print("輸入點餐品號: <INPUT TYPE= text NAME= dishIndex " +
            " SIZE= " + 3 + "><br>");
26    out.print("輸入點餐數量: <INPUT TYPE= text NAME= dishNum " +
            " SIZE= " + 3 + "><p></p>");
```

```
27      out.print("<INPUT TYPE=submit VALUE=\"通知廚房\">");
28  }
```

//關閉資料庫
```
29  stmt.close();
30  con.close();
31  %>
32  </body>
33  </html>
```

列 10~14 連接資料庫、建立操作機制。

列 15~16 以 Session 接續值，確定本網頁接續自 07Table.jsp。

列 17~23 設定 Sql 指令，讀取資料表 Information 所列餐品資料整齊印出。

列 24~27 建立表單，提供客人點選，驅動執行 09WriteForm.jsp。

列 29~30 關閉資料庫。

(2) 設計檔案 09WriteForm.jsp (建立送餐清單、結帳清單、統計日營業額)

```
01  <%@ page contentType="text/html;charset=big5" %>
02  <%@ page import= "java.sql.*, java.util.Date" %>
03  <html>
04  <head><title>WriteForm</title></head><body>
05  <%
```

//連接資料庫
```
06  String JDriver = "sun.jdbc.odbc.JdbcOdbcDriver";
07  String connectDB="jdbc:odbc:Restaurant";
08  Class.forName(JDriver);
09  Connection con = DriverManager.getConnection(connectDB);
10  Statement stmt = con.createStatement();
```

//宣告變數，讀取前頁表單輸入之內容
```
11  request.setCharacterEncoding("big5");
12  String indexStr= request.getParameter("dishIndex");
13  String dishnumStr= request.getParameter("dishNum");
14  int dishNum= Integer.parseInt(dishnumStr);
```

//宣告變數，讀取前頁 Session 之接續值
```
15  String timeDay= session.getAttribute("timeDay").toString();
16  String tableStr= session.getAttribute("tableID").toString();
17  String waiterStr= session.getAttribute("waiter").toString();
```

11-15

//宣告變數，用於各資料表

```
18   String tableBill= tableStr + "Bill";
19   String tableServ= tableStr + "Serv";
20   String mealName="";
21   int eachPrice= 0;
22   int mealPrice= 0;
23   int amountInt= 0;
```

//讀取資料表 Information 內客人點選之內容

```
24   String sql1= "SELECT * FROM Informations WHERE 品號= '" +
                  indexStr + "';";
25   boolean flag= false;
26   if(session.getAttribute("Rest") == "true") flag= true;
27   if (stmt.execute(sql1) && flag)    {
28     ResultSet rs1 = stmt.getResultSet();
29     while(rs1.next()) {
           mealName= rs1.getString("品名");
           eachPrice= rs1.getInt("單價");
30     }
31   }

32   mealPrice= eachPrice * dishNum;
```

//填寫送餐單

```
33   String sql2= "INSERT INTO " + tableServ +
                  " (品號, 品名, 數量, 侍者) " +
                  " VALUES('" + indexStr + "','" + mealName + "'," +
                  dishNum + ",'" + waiterStr + "')";
34   stmt.executeUpdate(sql2);
```

//填寫結帳單

```
35   String sql3= "INSERT INTO " + tableBill +
                  " (品號, 品名, 單價, 數量, 總價) " +
                  " VALUES('" + indexStr + "','" + mealName + "'," +
                  eachPrice + "," + dishNum + "," + mealPrice + ")";
36   stmt.executeUpdate(sql3);
```

//統計營業額

```
37   String sql4= "SELECT *  FROM Amount WHERE 日期='" +
                  timeDay  + "';";
38   if(stmt.execute(sql4) && flag) {
39     ResultSet rs4= stmt.getResultSet();
```

```
40    while (rs4.next()) {
         amountInt= rs4.getInt("營業額");
41    }
42  }
43  amountInt= amountInt + mealPrice;

44  String sql5= "UPDATE Amount SET 營業額= " +
                 amountInt + " WHERE 日期= '" + timeDay + "';";
45  stmt.executeUpdate(sql5);

//關閉資料庫
46  stmt.close();
47  con.close();

//驅動 08ReadForm.jsp 繼續點餐
48  out.print("<A HREF=");
49  out.print("'08ReadForm.jsp'");
50  out.print(">本桌繼續點餐</A></p><p>");
51  out.print("<p>結束點餐請按左下方返回首頁 </p>");
52  %>
53  </body>
54  </html>
```

列 06~10 連接資料庫，建立操作機制。

列 12~14 宣告變數，讀取前頁表單輸入之內容。

列 15~17 宣告變數，讀取前頁 Session 之接續值。

列 18~23 宣告變數，用於各資料表。

列 24~31 對應客人點選餐品編號，讀取資料表 Informations 內該餐品之品名
　　　　　與單價。

列 32　　計算餐款。

列 33~34 填寫送餐清單，將資料輸入資料表 xxServ。

列 35~36 填寫結帳清單，將資料輸入資料表 xxBill。

列 37~45 統計營業額。

列 37~42 讀取資料表 Amount 內舊有營業額。

列 43~45 將新的營業額輸入資料表 Amount。

列 46~47 關閉資料庫。

列 48~51 驅動 08ReadForm.jsp 繼續點餐、返回首頁。

(3) 檢視資料庫 Restuarant.accdb：（如 11-2 節）

　　注意：a、每日營業前，由管理員務必於資料表 Amount 之欄位 "日期" 輸入
　　　　　當天日期；於 "營業額" 輸入 0。

　　　　　b、為了不使與前例衝突，請將範例 57 建立之 xxBill、xxServ、xxTotal
　　　　　先作刪除。

(4) 執行本例項(1)~(2)檔案：（如範例 02）

　　(a) 為了連貫有序執行，檢視已將本例光碟 C:\BookCldApp\Program\ch11
　　　　內 17 個檔案複製至目錄：C:\Program Files\Java\Tomcat 7.0\webapps\
　　　　examples

　　(b) 重新啟動 Tomcat。

　　(c) 使用者開啟瀏覽器，使用網址：

　　　　http://163.15.40.242:8080/examples/01RestPage.jsp，其中 163.15.40.242 為網站
　　　　主機之 IP，8080 為 port。（注意：讀者實作時應將 IP 改成自己雲端網站
　　　　之 IP）

(d) 按 **點餐服務** ＼ 輸入資料 ＼ 按 **遞送**。

(e) 按 **領取餐單**。

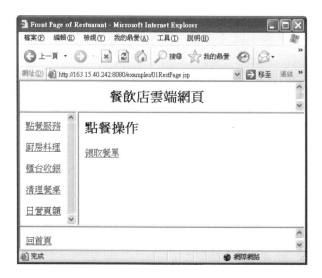

(f) 依餐單輸入品號與數量＼按 通知廚房。

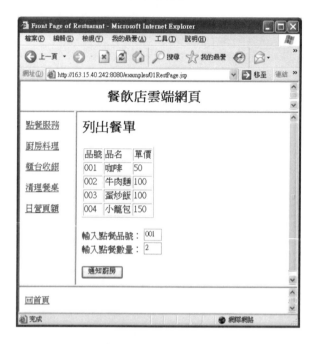

(g) 如果要繼續點餐，按 本桌繼續點餐。

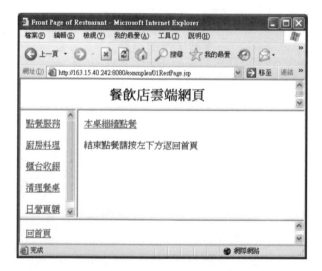

(h) 依餐單輸入品號與數量 \ 按 **通知廚房**。

(i) 如果點餐結束，按 **回首頁**。

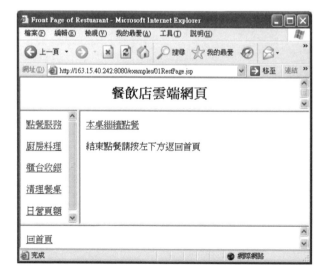

11-6 廚房料理

廚房師傅執行：(1)開啓網頁，輸入餐桌編號，即可獲知該桌點餐品目；(2)照單烹調；(3)督導該桌服務人員按單送餐。

範例 59：設計檔案 10Kitchen.html、11Kitchen.jsp，使用資料庫 Restaurant.accdb，建立廚房料理流程操作。

---

(1) 設計檔案 10Kitchen.html (由 03RestMid_1.jsp 驅動執行，建立表單，等待輸入餐桌編號，編輯於 C:\BookCldApp\Program\ch11)

```
01 <HTML>
02 <HEAD>
03 <TITLE>Kitchen</TITLE>
04 </HEAD>
05 <BODY>
06 <FORM METHOD="post" ACTION="11Kitchen.jsp">
07 <p align="left">
08 <font size="5"><b>輸入點菜餐桌編號</b></font>
09 </p>
10 <p> </p>
11 <p align="left">
12 餐桌編號：  <INPUT TYPE="text" NAME="tableID" SIZE="10"><br>
13 </p>
14 <p>
15 <INPUT TYPE="submit" VALUE="遞送">
16 <INPUT TYPE="reset" VALUE="取消">
17 </FORM>
18 </BODY>
19 </HTML>
```

列 06   驅動 11Kitchen.jsp。

列 12   建立表單，等待廚房師傅輸入餐桌編號。

(2) 設計檔案 11Kitchen.jsp (印出點餐清單，依清單準備餐點，依清單送達餐點)

```
01 <%@ page contentType="text/html;charset=big5" %>
02 <%@ page import= "java.sql.*, java.util.Date" %>
03 <html>
```

```
04 <head><title>Kitchen</title></head><body>
05 <%
```

//連接資料庫

```
06   String JDriver = "sun.jdbc.odbc.JdbcOdbcDriver";
07   String connectDB="jdbc:odbc:Restaurant";
08   Class.forName(JDriver);
09   Connection con = DriverManager.getConnection(connectDB);
10   Statement stmt = con.createStatement();
```

//宣告變數

```
11   request.setCharacterEncoding("big5");
12   String tableStr= request.getParameter("tableID");
13   String tableServ= tableStr + "Serv";
14   String waiterStr= "";
```

//設定 SQL 指令，讀取指定桌號資料表 xxServ 服務內容

```
15   String sql= "SELECT * FROM " + tableServ + ";";
16   %><font size="3"><b>隨本清單送餐</b></font></p><p><%
17   if(stmt.execute(sql)) {
18     ResultSet rs = stmt.getResultSet();
19     %><TABLE BORDER= "1">
20     <TR><TD>品號</TD><TD>品名</TD><TD>數量</TD></TR><%
21     while (rs.next()) {
       String indexStr= rs.getString("品號");
       String nameStr= rs.getString("品名");
       int numInt= rs.getInt("數量");
       waiterStr= rs.getString("侍者");
       out.print("<TR>");
       out.print("<TD>");   out.print(indexStr);   out.print("</TD>");
         out.print("<TD>");   out.print(nameStr);   out.print("</TD>");
         out.print("<TD>");   out.print(numInt);   out.print("</TD>");
         out.print("</TR>");
22     }
23     out.print("</TABLE><P></P>");
```

//建立送餐清單

```
24     out.print("餐桌編號： " + tableStr + "<p></p>");
25     out.print("服務人員： " + waiterStr + "<p></p>");
26   }
```

//關閉資料庫

```
27   stmt.close();
```

11-23

```
28    con.close();
29    %>
30  </body>
31  </html>
```

列 06~10 連接資料庫，建立操作機制。

列 11~14 宣告變數。

列 12　　讀取前網頁表單桌號內容，建立桌號字根字串。

列 15~22 設定 SQL 指令，讀取指定桌號資料表 xxServ 服務內容，印出該桌點菜清單。

列 24~25 印出桌號與服務人員姓名，結合點菜清單，建立送餐清單。

列 27~28 關閉資料庫。

(3) 檢視資料庫 Restuarant.accdb：（如 11-2 節）

　注意：每日營業前，由管理員務必於資料表 Amount 之欄位 "日期" 輸入當天日期；於 "營業額" 輸入 0。

(4) 執行本例項(1)~(2)檔案：（如範例 02）

　(a) 為了連貫有序執行，檢視已將本例光碟 C:\BookCldApp\Program\ch11 內 17 個檔案複製至目錄：C:\Program Files\Java\Tomcat 7.0\webapps\examples

　(b) 重新啟動 Tomcat。

　(c) 使用者開啟瀏覽器，使用網址：

　　http://163.15.40.242:8080/examples/01RestPage.jsp，其中 163.15.40.242 為網站主機之 IP，8080 為 port。（注意：讀者實作時應將 IP 改成自己雲端網站之 IP）

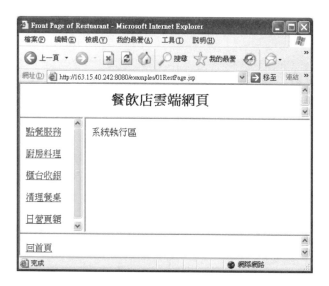

(d) 按 廚房料理 \ 輸入餐桌編號。

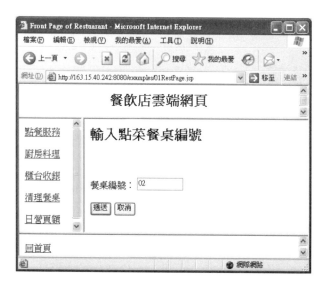

(e) 印出送餐清單。

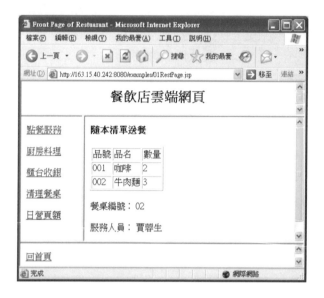

11-7 櫃台收銀

當客人用餐完畢，起身至櫃台結帳：(1)收銀櫃台職員開啓網頁，輸入餐桌編號，印出結帳清單；(2)客人付款結帳。

範例 60：設計檔案 12Cashier.html、13Cashier.jsp，使用資料庫 Restaurant.accdb，建立結帳清單。

---

(1) 設計檔案 12Cashier.html (建立表單，等待輸入餐桌編號，驅動執行 13Cashier.jsp，編輯於 C:\BookCldApp\Program\ch11)

```
01 <HTML>
02 <HEAD>
03 <TITLE>Cashier</TITLE>
04 </HEAD>
05 <BODY>
06 <FORM METHOD="post" ACTION="13Cashier.jsp">
07 <p align="left">
```

```
08 <font size="5"><b>輸入付賬餐桌編號</b></font>
09 </p>
10 <p>  </p>
11 <p align="left">
12 餐桌編號：   <INPUT TYPE="text" NAME="tableID" SIZE="10"><br>
13 </p>
14 <p>
15 <INPUT TYPE="submit" VALUE="遞送">
16 <INPUT TYPE="reset" VALUE="取消">
17 </FORM>
18 </BODY>
19 </HTML>
```

列 06　　　驅動 13Cashier.jsp。

列 12　　　建立表單，等待輸入餐桌編號。

(2) 設計檔案 13Cashier.jsp(印出結帳清單)

```
01 <%@ page contentType="text/html;charset=big5" %>
02 <%@ page import= "java.sql.*, java.util.Date" %>
03 <html>
04 <head><title>Cashier</title></head><body>
05 <%

//連接資料庫
06  String JDriver = "sun.jdbc.odbc.JdbcOdbcDriver";
07  String connectDB="jdbc:odbc:Restaurant";
08  Class.forName(JDriver);
09  Connection con = DriverManager.getConnection(connectDB);
10  Statement stmt = con.createStatement();

//宣告變數
11  request.setCharacterEncoding("big5");
12  String tableStr= request.getParameter("tableID");
13  String tableBill= tableStr + "Bill";
14  String tableTotal= tableStr + "Total";
15  int totalPrice= 0;

//設定 SQL 指令，讀取指定桌號資料表 xxBill 明細
16  String sql1= "SELECT * FROM " + tableBill + ";";
17 %><font size="3"><b>結帳清單</b></font></p><p><%
18  if(stmt.execute(sql1)) {
19    ResultSet rs1 = stmt.getResultSet();
```

```
20    %><TABLE BORDER= "1">
21    <TR><TD>品號</TD><TD>品名</TD><TD>單價</TD>
      <TD>數量</TD><TD>總價</TD></TR><%
22    while (rs1.next()) {
        String indexStr= rs1.getString("品號");
        String nameStr= rs1.getString("品名");
        int eachPrice= rs1.getInt("單價");
        int dishNum= rs1.getInt("數量");
        int mealPrice= rs1.getInt("總價");
        out.print("<TR>");
        out.print("<TD>");  out.print(indexStr);  out.print("</TD>");
        out.print("<TD>");   out.print(nameStr);  out.print("</TD>");
        out.print("<TD>");  out.print(eachPrice);  out.print("</TD>");
        out.print("<TD>");   out.print(dishNum);  out.print("</TD>");
        out.print("<TD>");   out.print(mealPrice);  out.print("</TD>");
        out.print("</TR>");
23    }
24    out.print("</TABLE><P></P>");
25    }
```

//設定 SQL 指令，讀取指定桌號資料表 **xxTotal** 總計付款額
```
26    String sql2= "SELECT * FROM " + tableTotal + ";";
27    if(stmt.execute(sql2)) {
28      ResultSet rs2 = stmt.getResultSet();
29      while (rs2.next())
          totalPrice= rs2.getInt("合計");
30    }
31    out.print("帳單合計： " + totalPrice + "<p></p>");
32    out.print("餐桌編號： " + tableStr + "<p></p>");
```

//關閉資料庫
```
33    stmt.close();
34    con.close();
35    %>
36    </body>
37    </html>
```

列 06~10　連接資料庫、建立操作機制。

列 12~15　宣告變數。

列 12　　　讀取前網頁表單內容，建立桌號字根字串。

列 16~25 設定 SQL 指令，讀取指定桌號資料表 xxBill 明細。

列 26~32 設定 SQL 指令，讀取指定桌號資料表 xxTotal 總計付款額。

列 33~34 關閉資料庫。

(3) 檢視資料庫 Restuarant.accdb：(如 11-2 節)

注意：每日營業前，由管理員務必於資料表 Amount 之欄位 "日期" 輸入當
天日期；於 "營業額" 輸入 0。

(4) 執行本例項(1)~(2)檔案：(如範例 02)

(a) 為了連貫有序執行，檢視已將本例光碟 C:\BookCldApp\Program\ch11
內 17 個檔案複製至目錄：C:\Program Files\Java\Tomcat 7.0\webapps\
examples

(b) 重新啟動 Tomcat。

(c) 使用者開啟瀏覽器，使用網址：

http://163.15.40.242:8080/examples/01RestPage.jsp，其中 163.15.40.242 為網站
主機之 IP，8080 為 port。(注意：讀者實作時應將 IP 改成自己雲端網站
之 IP)

(d) 按 **櫃台收銀** \ 輸入餐桌編號。

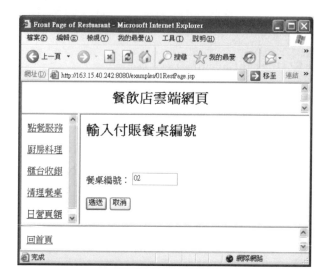

(e) 印出結帳清單。

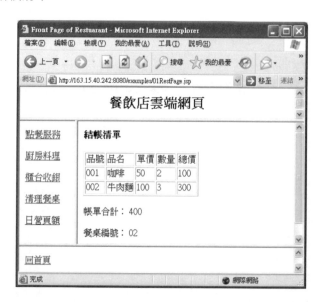

11-8 清理餐桌

當客人付款離開，服務人員執行：(1)清理餐桌，換新餐巾餐具；(2)爲了避免與下一批客人資料衝突，刪除該桌號前客人使用之資料表 xxBill、xxServ 與查詢表 xxTotal；(3)迎接新客人。

範例 61：設計檔案 14Clean.html、15Clean.jsp，使用資料庫 Restaurant.accdb，**清理餐桌**。

---

(1) 設計檔案 14Clean.html (建立表單，等待輸入餐桌編號，驅動執行 15Clean.jsp，編輯於 C:\BookCldApp\Program\ch11)

```
01 <HTML>
02 <HEAD>
03 <TITLE>Table Clean</TITLE>
04 </HEAD>
05 <BODY>
06 <FORM METHOD="post" ACTION="15Clean.jsp">
07 <p align="left">
08 <font size="5"><b>輸入清理餐桌編號</b></font>
09 </p>
10 <p>   </p>
11 <p align="left">
12   餐桌編號：<INPUT TYPE="text" NAME="tableID" SIZE="10"><br>
13 </p>
14 <p>
15 <INPUT TYPE="submit" VALUE="遞送">
16 <INPUT TYPE="reset" VALUE="取消">
17 </FORM>
18 </BODY>
19 </HTML>
```

列 06　　驅動 15Clean.jsp。

列 12　　建立表單，等待輸入餐桌編號。

(2) 設計檔案 15Clean.jsp(刪除該桌號前客人使用之資料表 xxBill、xxServ 與查詢表 xxTotal)

```
01 <%@ page contentType="text/html;charset=big5" %>
```

```
02 <%@ page import= "java.sql.*, java.util.Date" %>
03 <html>
04 <head><title>Table Clean</title></head><body>
05 <%

//連接資料庫
06  String JDriver = "sun.jdbc.odbc.JdbcOdbcDriver";
07  String connectDB="jdbc:odbc:Restaurant";
08  Class.forName(JDriver);
09  Connection con = DriverManager.getConnection(connectDB);
10  Statement stmt = con.createStatement();

//宣告變數
11  request.setCharacterEncoding("big5");
12  String tableStr= request.getParameter("tableID");
13  String tableTotal= tableStr + "Total";
14  String tableBill= tableStr + "Bill";
15  String tableServ= tableStr + "Serv";

//設定 SQL 指令，刪除指定桌號之 xxBill、xxServ、xxTotal
16  String sql1= "DROP TABLE " + tableTotal + ";";
17  stmt.executeUpdate(sql1);
18  String sql2= "DROP TABLE " + tableBill + ";";
19  stmt.executeUpdate(sql2);
20  String sql3= "DROP TABLE " + tableServ + ";";
21  stmt.executeUpdate(sql3);

//關閉資料庫
22  stmt.close();
23  con.close();

24  out.print(tableStr + "號餐桌已清理完畢");
25  %>
26  </body>
27  </html>
```

列 06~10 連接資料庫、建立操作機制。

列 12~15 宣告變數。

列 12   讀取前網頁表單內容，建立桌號字根字串。

列 16~21 設定 SQL 指令，刪除指定桌號之 **xxBill、xxServ、xxTotal**。

列 22~23 關閉資料庫。

(3) 檢視資料庫 Restuarant.accdb：(如 11-2 節)

注意：每日營業前，由管理員務必於資料表 Amount 之欄位 "日期" 輸入當天日期；於 "營業額" 輸入 0。

(4) 執行本例項(1)~(2)檔案：(如範例 02)

(a) 為了連貫有序執行，檢視已將本例光碟 C:\BookCldApp\Program\ch11 內 17 個檔案複製至目錄：C:\Program Files\Java\Tomcat 7.0\webapps\examples

(b) 重新啟動 Tomcat。

(c) 使用者開啟瀏覽器，使用網址：

http://163.15.40.242:8080/examples/01RestPage.jsp，其中 163.15.40.242 為網站主機之 IP，8080 為 port。(注意：讀者實作時應將 IP 改成自己雲端網站之 IP)

(d) 按 清理餐桌 \ 輸入餐桌編號 \ 按 遞送。

(e) 檢視資料庫。(已刪除該桌號前客人使用之資料表 xxBill、xxServ 與查詢表 xxTotal)

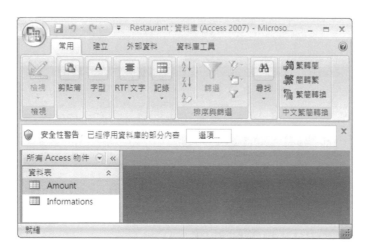

11-9 日營業額

只要是做生意，最關心的當然是賺錢與否，每日營業額也因此是業主最關心的大事，以往要經過繁瑣的對帳與計算，才窺見結果，如今因系統電腦化，每日打烊時，只須按下鍵盤即有結果，省時有效。本節將完成本章範例最後一部分 "統計日營業額"。

範例 62：設計檔案 16DayAmount.html、17DayAmount.jsp，使用資料庫 Restaurant.accdb，**印出日營業額**。(本例為本章完整餐飲店雲端網站設計)

---

(1) 設計檔案 16DayAmount.html (建立表單，等待輸入查詢日期，驅動執行 17DayAmount.jsp，編輯於 C:\BookCldApp\Program\ch11)

```
01 <HTML>
02 <HEAD>
03 <TITLE>DayAmount</TITLE>
04 </HEAD>
```

```
05 <BODY>
06 <FORM METHOD="post" ACTION="17DayAmount.jsp">
07 <p align="left">
08 <font size="5"><b>輸入營業額查詢日期</b></font>
09 </p>
10 <p>  </p>
11 <p align="left">
12 查詢日期：<INPUT TYPE="text" NAME="timeday" SIZE="10">
                 (YYYYMMDD 如 20110715)<br>
13 </p>
14 <p>
15 <INPUT TYPE="submit" VALUE="遞送">
16 <INPUT TYPE="reset" VALUE="取消">
17 </FORM>
18 </BODY>
19 </HTML>
```

列 06   驅動執行 17DayAmount.jsp。

列 12   建立表單，等待輸入查詢日期。

(2) 17DayAmount.jsp (整齊印出日營業額)

```
01 <%@ page contentType="text/html;charset=big5" %>
02 <%@ page import= "java.sql.*, java.util.Date" %>
03 <html>
04 <head><title>DayAmount</title></head><body>
05 <%

//連接資料庫
06   String JDriver = "sun.jdbc.odbc.JdbcOdbcDriver";
07   String connectDB="jdbc:odbc:Restaurant";
08   Class.forName(JDriver);
09   Connection con = DriverManager.getConnection(connectDB);
10   Statement stmt = con.createStatement();

//讀取前頁表單輸入之日期
11   request.setCharacterEncoding("big5");
12   String timeDay= request.getParameter("timeday");

//設定 SQL 指令，讀取日營業額並印出
13   String sql= "SELECT * FROM Amount WHERE 日期= '" +
                 timeDay + "';";
```

```
14  %><font size="3"><b>日營業額</b></font></p><p><%

15  if (stmt.execute(sql))    {
16    ResultSet rs = stmt.getResultSet();
17    %><TABLE BORDER= "1">
18    <TR><TD>日期</TD><TD>營業額</TD> </TR><%
19    while (rs.next()) {
        int amountInt= rs.getInt("營業額");
        out.print("<TR>");
        out.print("<TD>");    out.print(timeDay);   out.print("</TD>");
        out.print("<TD>");   out.print(amountInt); out.print("</TD>");
        out.print("</TR>");
20    }
21    out.print("</TABLE><P></P>");
22    }

//關閉資料庫
23    stmt.close();
24    con.close();
25  %>
26  </body>
27  </html>
```

列 06~10 連接資料庫，建立操作機制。

列 11~12 讀取前頁表單輸入之日期。

列 13~22 設定 SQL 指令，讀取日營業額並印出

列 19~21 表格印出日營業額。

列 23~24 關閉資料庫。

(3) 檢視資料庫 Restuarant.accdb：(如 11-2 節)

  注意：每日營業前，由管理員務必於資料表 Amount 之欄位 "日期" 輸入當
      天日期；於 "營業額" 輸入 0。

(4) 執行本例項(1)~(2)檔案：(如範例 02)

  (a) 為了連貫有序執行，檢視已將本例光碟 C:\BookCldApp\Program\ch11
      內 17 個檔案複製至目錄：C:\Program Files\Java\Tomcat 7.0\webapps\
      examples

  (b) 重新啟動 Tomcat。

(c) 使用者開啟瀏覽器，使用網址：

http://163.15.40.242:8080/examples/01RestPage.jsp，其中 163.15.40.242 為網站主機之 IP，8080 為 port。(注意：讀者實作時應將 IP 改成自己雲端網站之 IP)

(d) 按 日營業額 \ 輸入查詢日期。

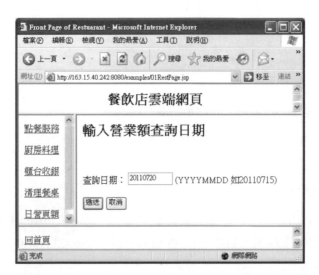

(e) 印出日營業額。

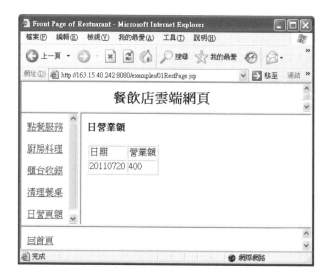

11-10 習題(Exercises)

1、本章範例設計流程劃分成那 5 個功能區塊？

2、每日營業前，為何需要由管理員先設定資料表 Ampunt 初值？

3、當客人走進餐飲店，服務人員帶領至空位餐桌，為何需輸入餐桌編號？

4、當客人付款離開，服務人員為何要刪除前客人使用之資料表 xxBill、xxServ 與查詢表 xxTotal？

5、嘗試為您家附近中型餐館，設計雲端網站網頁。

第**12**章

▷ # 診所雲端網站
(Clinic Cloud)

12-1 簡介

由於健保制度完善，民眾看病方便且無費用負擔，小型診所、復健診所成立如雨後春筍。為了提高診所品質、加強工作效率、節省人事開支，執業流程雲端系統電腦化，自然亦是基本配備之一。

一個最簡單的診所，最少應由掛號、看診、發藥 3 個部門所組成，各部門無需置辦任何複雜軟硬體電腦裝置，只需台簡單電腦(桌上型、手提型、平板型)，以網路連通私用雲端網站，由網站儲存資料、運算資料。診所私用雲端網站網頁設計，應考量：

1、**建立雲端網站資料庫**：提供儲存藥品資料，建立病患病歷，計算病患付款額(或申報健保請款額)，計算營業額。

2、**掛號作業**：初診掛號建立患者病歷基本資料，複診掛號僅需輸入病歷証號，安排看診次序；

3、**醫生看診**：診斷病情，開立藥方，記錄病歷，估算看診與藥品費用；

4、**藥房作業**：依醫生處方調藥，批價發藥；病患取藥，付費。

12-2 建立範例資料庫

依第七章，於目錄 C:\BookCldApp\Program\ch12\Database 建立資料庫 Clinic.accdb，於操作前，先建立 4 個基本資料表，且以 "Clinic" 為資料來源名稱作 ODBC 設定。

資料表 DrugList 用於登錄診所藥品，供醫生、藥師依據使用，包括欄位
編號、品名、單價。

資料表 PatientFile 用於儲存病患基本資料，當病患初診掛號時，填寫基
本資料，包括欄位証號、姓名、地址、電話。

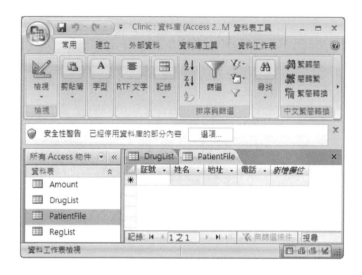

　　資料表 RegList 用於病患掛號資料，依病患掛號時間，排出看診次序，包括欄位掛號時間、証號、姓名。(注意：每日營業前，由網站管理員刪除前日 RegList 內之所有資料，以空白 RegList，提供當日使用)

　　資料表 Amount 用於統計當日營業額，包括欄位日期、營業額。(注意：每日營業前，由網站管理員於欄位"日期"輸入當天日期；於"營業額"輸入 0)

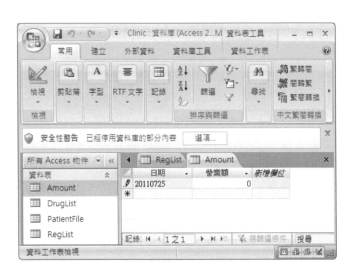

12-3 建立網頁分割

參考第四章，將本章範例網頁分隔成上、中左、中右、下 4 個區塊。於上端區塊，印出網頁標題；於中左端區塊控制執行項目，執行於中右端區塊；於下端區塊設定返回首頁機制。

> **範例 63**：設計檔案 01ClinicPage.jsp、02ClinicTop.jsp、03ClinicMid_1.jsp、04ClinicMid_2.jsp、05ClinicBtm.jsp，**建立診所雲端網站網頁分隔**。

(1) 設計檔案 **01ClinicPage.jsp**（建立上、中左、中右、下網頁 4 區塊分隔，編輯於 C:\BookCldApp\Program\ch12）

```
01 <HTML>
02 <HEAD>
03 <TITLE>Front Page of Clinic</TITLE>
04 </HEAD>
05 <FRAMESET ROWS= "10%, 80%, 10%" >
06  <FRAME NAME= "ClinicTop" SRC= "02ClinicTop.jsp">
07  <FRAMESET COLS= "20%,*">
08    <FRAME NAME= "ClinicMid_1" SRC= "03ClinicMid_1.jsp">
09    <FRAME NAME= "ClinicMid_2" SRC= "04ClinicMid_2.jsp">
10  </FRAMESET>
```

```
11  <FRAME NAME= "ClinicBtm" SRC= "05ClinicBtm.jsp">
12  </FRAMESET>
13  </HTML>
```

列 05~12 將網頁作上(10%)、中(80%)、下(10%) 3 區塊分隔。

列 06　　上區塊執行檔案 02ClinicTop.jsp。

列 07~10 將中區塊作左(20%)、右(80%) 分隔，分別執行檔案 03ClinicMid_1.jsp、04ClinicMid_2.jsp。

列 11　　下區塊執行檔案 05ClinicBtm.jsp。

(2) 設計檔案 02ClinicTop.jsp (依 01ClinicPage.jsp 安排，執行於網頁上端區塊)

```
01  <%@ page contentType="text/html;charset=big5" %>
02  <html>
03  <head><title>ClinicTop</title></head>
04  <body>
05  <h2 align= "center">診所雲端網站</h2>
06  </body>
07  </html>
```

列 05　　印出網頁標題。

(3) 設計檔案 03ClinicMid_1.jsp (依 01ClinicPage.jspClinicPage.jsp 安排，於中左端區塊控制執行項目，執行顯示於中右端區塊)

```
01  <%@ page contentType="text/html;charset=big5" %>
02  <html>
03  <head><title>ClinicMid_1</title></head>
04  <body>
05  <A HREF= "06FirstReg.html" TARGET= "ClinicMid_2">初診掛號</A><p>
06  <A HREF= "09ReturnReg.html" TARGET= "ClinicMid_2">複診掛號</A><p>
07  <A HREF= "11TreatList.jsp" TARGET= "ClinicMid_2">看診序單</A><p>
08  <A HREF= "12DrugList.jsp" TARGET= "ClinicMid_2">藥品索引</A><p>
09  <A HREF= "13Treat.html" TARGET= "ClinicMid_2">醫生看診</A><p>
10  <A HREF= "15Pharm.html" TARGET= "ClinicMid_2">批價發藥</A><p>
11  <A HREF= "17DayAmount.html" TARGET= "ClinicMid_2">日營業額</A>
12  </body>
13  </html>
```

列 05~11 於中左端控制執行項目，執行結果將顯示於中右端區塊。

(4) 設計檔案 **04ClinicMid_2.jsp**(依 01ClinicPage.jsp 安排，於中左區塊印出訊息)

```
01 <%@ page contentType="text/html;charset=big5" %>
02 <html>
03 <head><title>ClinicMid_2</title></head>
04 <body>
05 <align= "left">系統執行區
06 </body>
07 </html>
```

列 05　　　印出訊息。

(5) 設計檔案 **05ClinicBtm.jsp**(依 01ClinicPage.jsp 安排，於下端區塊設定返回首頁機制)

```
01 <%@ page contentType="text/html;charset=big5" %>
02 <html>
03 <head><title>ClinicBtm</title></head>
04 <body>
05 <a href= "01ClinicPage.jsp" target= "_top">回首頁</a>
06 </body>
07 </html>
```

列 05　　　於下端區塊設定返回首頁機制。

(6) 執行項(1)~(5)檔案：(如範例 02)

(a) 為了連貫有序執行，將本例光碟 C:\BookCldApp\Program\ch12 內 18 個檔案複製至目錄：C:\Program Files\Java\Tomcat 7.0\webapps\examples

(b) 重新啟動 Tomcat。

(c) 使用者開啟瀏覽器，使用網址：

http://163.15.40.242:8080/examples/01ClinicPage.jsp，其中 163.15.40.242 為網站主機之 IP，8080 為 port。(注意：讀者實作時應將 IP 改成自己雲端網站之 IP)

12-4 初診掛號

　　當病患第一次來到診所掛號是謂 "初診掛號",此時應填寫個人基本資料,以建立:(1)**基本資料檔案**,用於資料搜尋;(2)**個人病歷檔案**,用於看診記錄、用藥記錄、費用記錄;(3)**安排看診次序**,於當日看診病患、依掛號時間安排看診次序。

範例 64:設計檔案 06FirstReg.html、07FirstReg.jsp、08RegList.jsp,解說初診掛號操作。

---

(1) 設計檔案 **06FirstReg.html** (由 03ClinicMid_1.jsp 驅動執行,建立表單,等待輸入基本資料,驅動執行 07FirstReg.jsp,編輯於 C:\BookCldApp\Program\ch12)

```
01 <HTML>
02 <HEAD>
03 <TITLE>Clinic</TITLE>
04 </HEAD>
```

```
05 <BODY>
06 <FORM METHOD="post" ACTION="07FirstReg.jsp">
07 <p align="left">
08 <font size="5"><b>初診掛號</b></font>
09 </p>
10 <p>  </p>
11 <p align="left">
12 証號：  <INPUT TYPE="text" NAME="ID" SIZE="20"><br>
13 姓名：  <INPUT TYPE="text" NAME="name" SIZE="10"><br>
14 地址：  <INPUT TYPE="text" NAME="addr" SIZE="40"><br>
15 電話：  <INPUT TYPE="text" NAME="tel" SIZE="20"><br>
16 </p>
17 <p>
18 <INPUT TYPE="submit" VALUE="遞送">
19 <INPUT TYPE="reset" VALUE="取消">
20 </FORM>
21 </BODY>
21 </HTML>
```

列 06 　　驅動執行 07FirstReg.jsp。

列 12~15 建立表單，等待輸入基本資料。

(2) 設計檔案 07FirstReg.jsp (建立病患基本資料表，建立當日看診序單，建立個人病歷記錄檔案)

```
01 <%@ page contentType= "text/html;charset=big5" %>
02 <%@ page import= "java.sql.*, java.util.Date" %>
03 <html>
04 <head><title>Clinic</title></head><body>
05 <p align="left">
06 <font size="4"><b>病患掛號資料</b></font></p><p>
07 <%
```

//連接資料庫
```
08   String JDriver = "sun.jdbc.odbc.JdbcOdbcDriver";
09   String connectDB="jdbc:odbc:Clinic";
10   Class.forName(JDriver);
11   Connection con = DriverManager.getConnection(connectDB);
12   Statement stmt = con.createStatement();
```

//宣告變數
```
13   request.setCharacterEncoding("big5");
14   Date timeDate= new Date();
```

```
15  String timeStr= timeDate.toLocaleString();
16  String idStr= request.getParameter("ID");
17  String nameStr= request.getParameter("name");
18  String addrStr= request.getParameter("addr");
19  String telStr= request.getParameter("tel");
```

//設定 SQL 指令，對 PatientFile 輸入病患基本資料
```
20  String sql1= "INSERT INTO PatientFile " +
              " (証號, 姓名, 地址, 電話) " +
              " VALUES('" + idStr + "','" + nameStr + "','" +
              addrStr + "','" + telStr + "')";
21  stmt.executeUpdate(sql1);
```

//設定 SQL 指令，對 RegList 輸入病患掛號資料
```
22  String sql2= "INSERT INTO RegList " +
              " (掛號時間, 証號, 姓名) " +
              " VALUES('" + timeStr + "','" + idStr + "','" +
              nameStr + "')";
23  stmt.executeUpdate(sql2);
```

//設定 SQL 指令，建立病患病歷資料表
```
24  String idRcd= idStr + "Rcd";
25  String sql3= "CREATE TABLE " + idRcd + "(" +
              "時間 TEXT(25), " +
              "診斷 TEXT(40), " +
              "藥品 TEXT(20), " +
              "費用 INTEGER, " +
              "醫生 TEXT(10))";
26  stmt.executeUpdate(sql3);
```

//建立 Session 網頁各接續值
```
27  session= request.getSession();
28  session.setAttribute("Clinic", "true");
29  session.setAttribute("ID", idStr);
30  session.setAttribute("Name", nameStr);

31  out.print("<p>掛號資料已順利輸入資料庫 </p>");
32  out.print("<A HREF=");
33  out.print("'08RegList.jsp'");
34  out.print(">領取掛號單</A></p><p>");
```

//關閉資料庫
```
35  stmt.close();
```

```
36  con.close();
37 %>
38 </body>
39 </html>
```

列 08~12 連接資料庫，建立資料庫操作機制。

列 14~19 宣告變數。

列 14~15 讀取雲端網站主機時間。

列 16~19 讀取前網頁表單輸入之病患基本資料。

列 20~21 設定 Sql 指令，將病患基本資料寫入資料表 PatientFile，建立病患基本資料。

列 22~23 設定 Sql 指令，將資料寫入資料表 RegList，建立當日看診序單。

列 24~26 以病患証號建立個人病歷資料表 xxRcd，用為個人病歷記錄。

列 27~30 建立網頁接續物件，將資料傳遞給次網頁。

列 31~34 驅動執行 RegList.jsp，印出個人排號單。

列 35~36 關閉資料庫。

(3) 設計檔案 08RegList.jsp (印出個人掛號單)

```
01 <%@ page contentType="text/html;charset=big5" %>
02 <%@ page import= "java.sql.*" %>
03 <%@ page import= "java.io.*" %>
04 <html>
05 <head><title>RegList</title></head><body>
06 <p align="left">
07 <font size="5"><b>印出掛號單</b></font>
08 </p>
09 <%

//連接資料庫
10  String JDriver = "sun.jdbc.odbc.JdbcOdbcDriver";
11  String connectDB="jdbc:odbc:Clinic";
12  Class.forName(JDriver);
13  Connection con = DriverManager.getConnection(connectDB);
14  Statement stmt = con.createStatement();

//宣告變數
15  request.setCharacterEncoding("big5");
```

```
16   String idStr= session.getAttribute("ID").toString();
17   String nameStr= session.getAttribute("Name").toString();
18   boolean flag= false;
19   if(session.getAttribute("Clinic") == "true") flag= true;
20   int order= 0;
21   int i= 0;
```

//設定 SQL 指令，讀取 RegList 資料，建立掛號單
```
22   String sql="SELECT * FROM RegList" ;

23   if (stmt.execute(sql) && flag)   {
24     ResultSet rs = stmt.getResultSet();
25     %><TABLE BORDER= "1">
26     <TR><TD>序號</TD><TD>証號</TD>
        <TD>姓名</TD> </TR><%
27     while (rs.next()) {
28       i++;
29       String indexStr= rs.getString("証號");
30       if(indexStr.equals(idStr))
31         order= i;
32     }
33     out.print("<TR>");
34     out.print("<TD>");    out.print(order);    out.print("</TD>");
35     out.print("<TD>");    out.print(idStr);    out.print("</TD>");
36     out.print("<TD>");    out.print(nameStr);   out.print("</TD>");
37     out.print("</TR>");

38     out.print("</TABLE><P></P>");
39   }
```

//關閉資料庫
```
40   stmt.close();
41   con.close();
42   %>
43   </body>
44   </html>
```

列 10~14 連接資料庫，建立操作機制。

列 16~21 變數宣告。

列 16~17 讀取前網頁接續物件之設定。

列 18~19 確定本頁是 07FirstReg.jsp 驅動之合法網頁。

列 20~21 設定掛號序單之初值。

列 22~39 設定 Sql 指令，讀取資料表 RegList 內資料，印出個人掛號單。

列 40~41 關閉資料庫。

(4) 檢視資料庫 Clinic.accdb：（如 12-2 節）

  (a) 每日營業前，由網站管理員刪除前日 RegList 內之所有資料，以空白 RegList，提供當日使用。

  (b) 每日營業前，由管理員務必於資料表 Amount 之欄位 "日期" 輸入當天日期；於 "營業額" 輸入 0。

(5) 執行本例項(1)~(3)檔案：（如範例 02）

  (a) 為了連貫有序執行，檢視已將本例光碟 C:\BookCldApp\Program\ch12 內 18 個檔案複製至目錄：C:\Program Files\Java\Tomcat 7.0\webapps\examples

  (b) 重新啟動 Tomcat。

  (c) 使用者開啟瀏覽器，使用網址：

    http://163.15.40.242:8080/examples/01ClinicPage.jsp，其中 163.15.40.242 為網站主機之 IP，8080 為 port。(注意：讀者實作時應將 IP 改成自己雲端網站之 IP)

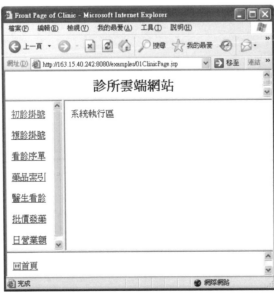

(d) 按 初診掛號 \ 輸入基本資料 \ 按 遞送。

(e) 按 領取掛號單。

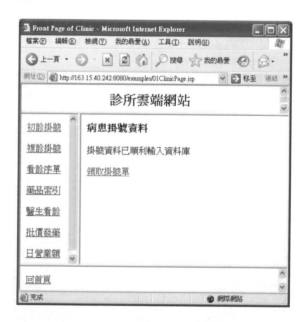

(f) 印出個人掛號單。

(g) 檢視資料表 PatientFile。(此資料表用為建立病患基本資料,已將病患基本資料寫入)

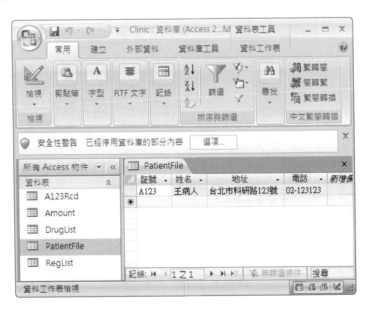

(h) 檢視資料表 RegList。(此資料表用為本例 20110725 掛號次序清單，已將初診掛號資料寫入)

(i) 檢視資料表 xxRcd。(此資料表依病患証號建立之個人資料表 xxRcd，用於醫生看診時填寫個人病歷記錄)

12-5 複診掛號

與初診掛號不同，不需輸入基本資料，只要**輸入病患証號**，系統即自動搜尋原有檔案，並印出個人排號單。

範例 65：設計檔案 09ReturnReg.html、10ReturnReg.jsp，使用資料庫 Clinic.accdb，**解說複診掛號操作。**

---

(1) 設計檔案 09ReturnReg.html (由 03ClinicMid_1.jsp 驅動執行，建立表單，等待輸入病患証號，編輯於 C:\BookCldApp\Program\ch12)

```
01 <HTML>
02 <HEAD>
03 <TITLE>Clinic</TITLE>
04 </HEAD>
05 <BODY>
06 <FORM METHOD="post" ACTION="10ReturnReg.jsp">
07 <p align="left">
08 <font size="5"><b>複診掛號</b></font>
09 </p>
10 <p>  </p>
11 <p align="left">
12 証號： <INPUT TYPE="text" NAME="ID" SIZE="20"><br>
13 </p>
14 <p>
15 <INPUT TYPE="submit" VALUE="遞送">
16 <INPUT TYPE="reset" VALUE="取消">
17 </FORM>
18 </BODY>
19 </HTML>
```

列 06　　驅動執行 10ReturnReg.jsp。

列 12　　建立表單，等待輸入病患証號。

(2) 設計檔案 10ReturnReg.jsp (將病患掛號資料輸入資料表 RegList，驅動執行 08RegList.jsp，建立個人掛號單)

```
01 <%@ page contentType= "text/html;charset=big5" %>
02 <%@ page import= "java.sql.*, java.util.Date" %>
03 <html>
```

```
04  <head><title>Clinic</title></head><body>
05  <p align="left">
06  <font size="4"><b>病患掛號資料</b></font></p><p>
07  <%
```

//連接資料庫
```
08  String JDriver = "sun.jdbc.odbc.JdbcOdbcDriver";
09  String connectDB="jdbc:odbc:Clinic";
10  Class.forName(JDriver);
11  Connection con = DriverManager.getConnection(connectDB);
12  Statement stmt = con.createStatement();
```

//宣告變數
```
13  request.setCharacterEncoding("big5");
14  Date timeDate= new Date();
15  String timeStr= timeDate.toLocaleString();
16  String idStr= request.getParameter("ID");
17  String nameStr= "";
```

//設定 SQL 指令，讀取 PatientFile 之病患基本資料
```
18  String sql1= "SELECT * FROM PatientFile WHERE 証號= '" +
                  idStr + "';";
19  if(stmt.execute(sql1)) {
20    ResultSet rs1= stmt.getResultSet();
21    while(rs1.next())
22      nameStr= rs1.getString("姓名");
23  }
```

//設定 SQL 指令，將複診掛號資料輸入 RegList
```
24  String sql2= "INSERT INTO RegList " +
                  " (掛號時間，証號，姓名) " +
                  " VALUES('" + timeStr + "','" +  idStr + "','" +
                  nameStr + "')";
25  stmt.executeUpdate(sql2);
```

//建立 Session 網頁接續值
```
26  session= request.getSession();
27  session.setAttribute("Clinic", "true");
28  session.setAttribute("ID", idStr);
29  session.setAttribute("Name", nameStr);
```

//驅動執行 08RegList.jsp
```
30  out.print("<p>掛號資料已順利輸入資料庫 </p>");
```

```
31   out.print("<A HREF=");
32   out.print("'08RegList.jsp'");
33   out.print(">領取掛號單</A></p><p>");

//關閉資料庫
34   stmt.close();
35   con.close();
36 %>
37 </body>
38 </html>
```

列 08~12 連接資料庫，建立操作機制。

列 14~17 變數宣告。

列 14~15 讀取雲端網站時間。

列 16~17 讀取前網頁表單內容。

列 18~23 設定 Sql 指令，由資料表 PatientFile，讀取証號對應之病患姓名。

列 24~25 設定 Sql 指令，將本次之病患複診掛號資料輸入資料表 RegList。

列 26~29 建立網頁接續物件，將有用資料傳遞給次網頁。

列 30~33 驅動執行 08RegList.jsp，領取個人掛號單。

列 34~35 關閉資料庫。

(3) 檢視資料庫 Clinic.accdb：(如 12-2 節)

(a) 每日營業前，由網站管理員刪除前日 RegList 內之所有資料，以空白 RegList，提供當日使用。

(b) 每日營業前，由管理員務必於資料表 Amount 之欄位 "日期" 輸入當天日期；於 "營業額" 輸入 0。

(4) 執行本例項(1)~(2)檔案：(如範例 02)

(a) 為了連貫有序執行，檢視已將本例光碟 C:\BookCldApp\Program\ch12 內 18 個檔案複製至目錄：C:\Program Files\Java\Tomcat 7.0\webapps\examples

(b) 重新啟動 Tomcat。

(c) 使用者開啟瀏覽器，使用網址：

http://163.15.40.242:8080/examples/01ClinicPage.jsp，其中 163.15.40.242 為網站主機之 IP，8080 為 port。(注意：讀者實作時應將 IP 改成自己雲端網站之 IP)

(d) 按 複診掛號 \ 輸入証號 \ 按 遞送。

(e) 按 領取掛號單。

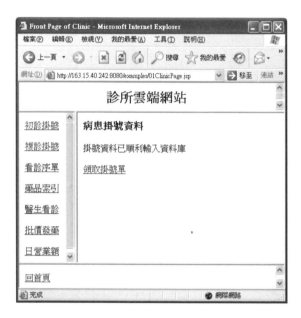

(f) 印出個人掛號單。

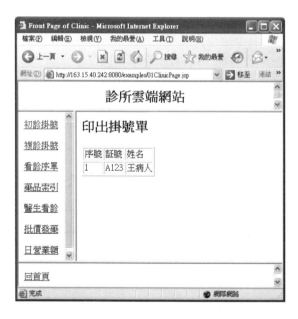

(g) 檢視資料表 RegList。(此資料表用為本例 20110726 掛號次序清單,已將複診掛號資料輸入)

12-6 列印參照資料

本章範例之參照資料有:(1)**看診序單**,每日當有病患掛號時,即會將掛號時間、証號、姓名等,依序輸入資料表 RegList,因此只要印出 RegList 之內容,即可製成當看診序單,依序看病;(2)**藥品索引**,管理員隨時將資料表 DrugList 之藥品作更新,只要將其印出,即可提供醫師、藥師參照使用。

> **範例 66**:設計檔案 11TreatList.jsp、12DrugList.jsp,使用資料庫 Clinic.accdb,**列印看診序單、藥品索引**。

(1) 設計檔案 11TreatList.jsp (由 03ClinicMid_1.jsp 驅動執行,整齊印出看診序單,編輯於 C:\BookCldApp\Program\ch12)

```
01 <%@ page contentType="text/html;charset=big5" %>
02 <%@ page import= "java.sql.*" %>
03 <%@ page import= "java.io.*" %>
```

```
04  <html>
05  <head><title>TreatList</title></head><body>
06  <p align="left">
07  <font size="5"><b>印出看診序單</b></font>
08  </p>
09  <%


//連接資料庫
10    String JDriver = "sun.jdbc.odbc.JdbcOdbcDriver";
11    String connectDB="jdbc:odbc:Clinic";
12    Class.forName(JDriver);
13    Connection con = DriverManager.getConnection(connectDB);
14    Statement stmt = con.createStatement();

15    request.setCharacterEncoding("big5");
16    int order= 0;

//設定SQL指令，讀取RegList內容，印出看診序單
17    String sql="SELECT * FROM RegList" ;

18    if (stmt.execute(sql))    {
19      ResultSet rs = stmt.getResultSet();
20      %><TABLE BORDER= "1">
21      <TR><TD>序號</TD><TD>証號</TD>
        <TD>姓名</TD> </TR><%
22      while (rs.next()) {
          order++;
          String idStr= rs.getString("証號");
          String nameStr= rs.getString("姓名");

          out.print("<TR>");
          out.print("<TD>");    out.print(order);    out.print("</TD>");
          out.print("<TD>");    out.print(idStr);    out.print("</TD>");
          out.print("<TD>");    out.print(nameStr);   out.print("</TD>");
          out.print("</TR>");
23      }
24      out.print("</TABLE><P></P>");
24    }

//關閉資料庫
26    stmt.close();
27    con.close();
28  %>
```

```
29 </body>
30 </html>
```

列 10~14 連接資料庫，建立操作機制。

列 17~24 設定 SQL 指令，讀取 RegList 內容，整齊印出看診序單。

列 26~27 關閉資料庫。

(2) 設計檔案 12DrugList.jsp（由 03ClinicMid_1.jsp 驅動執行，整齊印出藥品索引）

```
01 <%@ page contentType="text/html;charset=big5" %>
02 <%@ page import= "java.sql.*" %>
03 <%@ page import= "java.io.*" %>
04 <html>
05 <head><title>DrugList</title></head><body>
06 <p align="left">
07 <font size="5"><b>本診所藥品清單</b></font>
08 </p>
09 <%

//連接資料庫
10   String JDriver = "sun.jdbc.odbc.JdbcOdbcDriver";
11   String connectDB="jdbc:odbc:Clinic";
12   Class.forName(JDriver);
13   Connection con = DriverManager.getConnection(connectDB);
14   Statement stmt = con.createStatement();

15   request.setCharacterEncoding("big5");

//設定 SQL 指令，讀取 DrugList 內容，印出藥品索引
16   String sql="SELECT * FROM DrugList" ;

17   if (stmt.execute(sql))    {
18     ResultSet rs = stmt.getResultSet();
19     %><TABLE BORDER= "1">
20     <TR><TD>編號</TD><TD>品名</TD>
        <TD>單價</TD> </TR><%
21     while (rs.next()) {
         String idStr= rs.getString("編號");
         String nameStr= rs.getString("品名");
         int eachPrice= rs.getInt("單價");
```

```
     out.print("<TR>");
     out.print("<TD>");    out.print(idStr);   out.print("</TD>");
     out.print("<TD>");    out.print(nameStr);   out.print("</TD>");
     out.print("<TD>");   out.print(eachPrice);   out.print("</TD>");
     out.print("</TR>");
22   }
23   out.print("</TABLE><P></P>");
24 }

//關閉資料庫
25 stmt.close();
26 con.close();
27 %>
28 </body>
29 </html>
```

列 10~14 連接資料庫，建立操作機制。

列 16~24 設定 SQL 指令，讀取 DrugList 內容，整齊印出藥品索引。

列 25~26 關閉資料庫。

(3) 檢視資料庫 Clinic.accdb：(如 12-2 節)

(a) 每日營業前，由網站管理員刪除前日 RegList 內之所有資料，以空白 RegList，提供當日使用。

(b) 每日營業前，由管理員務必於資料表 Amount 之欄位 "日期" 輸入當天 日期；於 "營業額" 輸入 0。

(4) 執行本例項(1)~(2)檔案：(如範例 02)

(a) 為了連貫有序執行，檢視已將本例光碟 C:\BookCldApp\Program\ch12 內 18 個檔案複製至目錄：C:\Program Files\Java\Tomcat 7.0\webapps\ examples

(b) 重新啟動 Tomcat。

(c) 使用者開啟瀏覽器，使用網址：

http://163.15.40.242:8080/examples/01ClinicPage.jsp，其中 163.15.40.242 為網 站主機之 IP，8080 為 port。(注意：讀者實作時應將 IP 改成自己雲端網 站之 IP)

(d) 按 初診掛號 \ 輸入資料 \ 按 遞送。

(e) 按 領取掛號單。

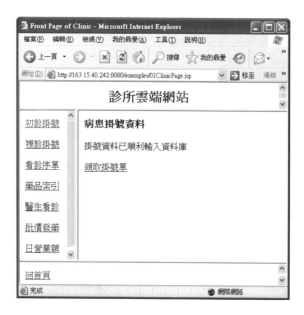

(f) 印出個人掛號單。

(g) 按 **看診序單**。（印出當日看診序單）

(h) 按 **藥品索引**。（印出藥品索引）

12-7 醫生看診

　　醫生依看診序單之次序替病人看診，**將診斷內容寫入病人個別病歷檔案**；參考藥品索引**開立藥方**，交藥師發藥。

範例 67：設計檔案 13Treat.html、14Treat.jsp，使用資料庫 Clinic.accdb，解說醫生看診操作。

---

(1) 設計檔案 13Treat.html (由 03ClinicMid_1.jsp 驅動執行，建立表單或文字方塊，等待醫生輸入看診資料，編輯於 C:\BookCldApp\Program\ch12)

```
01 <HTML>
02 <HEAD>
03 <TITLE>Clinic</TITLE>
04 </HEAD>
05 <BODY>
06 <FORM METHOD="post" ACTION="14Treat.jsp">
07 <p align="left">
08 <font size="5"><b>醫生看診</b></font>
09 </p>
10 <p> </p>
11 <p align="left">
12 日期： <INPUT TYPE="text" NAME="timeday" SIZE="10">
           (YYYYMMDD 如 20110715)<br>
13 証號： <INPUT TYPE="text" NAME="ID" SIZE="20"><br>
14 診斷： <TEXTAREA NAME="Treat" ROW="3" COLS="30">
             </TEXTAREA><br>
15 藥品： <INPUT TYPE="text" NAME="Drug" SIZE="20"><br>
16 費用： <INPUT TYPE="text" NAME="Charge" SIZE="10"><br>
17 醫生： <INPUT TYPE="text" NAME="Doctor" SIZE="10"><br>
18 </p>
19 <p>
20 <INPUT TYPE="submit" VALUE="遞送">
21 <INPUT TYPE="reset" VALUE="取消">
22 </FORM>
23 </BODY>
24 </HTML>
```

列 06　　驅動執行 14Treat.jsp。

列 12~17 建立表單或文字方塊，等待醫生輸入看診資料。

(2) 設計檔案 14Treat.jsp (寫入以病患証號建立之病歷資料表 xxRcd；將本次
看診費用加入資料表 Amount 之營業額，以供統計日營業額)

```
01 <%@ page contentType= "text/html;charset=big5" %>
02 <%@ page import= "java.sql.*, java.util.Date" %>
03 <html>
04 <head><title>Clinic</title></head><body>
05 <p align="left">
06 <font size="4"><b>病患病歷記錄</b></font></p><p>
07 <%

//連接資料庫
08   String JDriver = "sun.jdbc.odbc.JdbcOdbcDriver";
09   String connectDB="jdbc:odbc:Clinic";
10   Class.forName(JDriver);
11   Connection con = DriverManager.getConnection(connectDB);
12   Statement stmt = con.createStatement();

//宣告變數
13   request.setCharacterEncoding("big5");
14   Date timeDate= new Date();
15   String timeStr= timeDate.toLocaleString();
16   String timeDay= request.getParameter("timeday");
17   String idStr= request.getParameter("ID");
18   String treatStr= request.getParameter("Treat");
19   String drugStr= request.getParameter("Drug");
20   String chargeStr= request.getParameter("Charge");
21   int chargeInt= Integer.parseInt(chargeStr);
22   String doctorStr= request.getParameter("Doctor");
23   int amountInt= 0;

//設定 SQL 指令，將前頁表單之輸入內容寫入病歷表 xxRcd
24   String idRcd= idStr + "Rcd";
25   String sql1= "INSERT INTO " + idRcd +
               " (時間, 診斷, 藥品, 費用, 醫生) " +
               " VALUES( '" + timeStr + "','" + treatStr + "','" +
                 drugStr + "'," + chargeInt + ",'" + doctorStr + "')";
26   stmt.executeUpdate(sql1);

//設定 SQL 指令，統計營業額
27   String sql2= "SELECT *  FROM Amount WHERE 日期='" +
```

```
                     timeDay   + "';";
28  if(stmt.execute(sql2)) {
29    ResultSet rs2= stmt.getResultSet();
30    while (rs2.next()) {
        amountInt= rs2.getInt("營業額");
31    }
32  }

33  amountInt= amountInt + chargeInt;
34  String sql3= "UPDATE Amount SET 營業額= " +
                 amountInt + " WHERE 日期= '" + timeDay + "';";
35  stmt.executeUpdate(sql3);

36  out.print("<p>病患看診資料已順利輸入資料庫 </p>");

//關閉資料庫
37  stmt.close();
38  con.close();
39  %>
40  </body>
41  </html>
```

列 08~12 連接資料庫，建立操作機制。

列 14~23 宣告變數。

列 14~15 讀取雲端網站時間。

列 16~22 讀取前網頁表單之輸入內容。

列 24~26 設定 Sql 指令，將前網頁表單醫生輸入之診斷內容，寫入以病患証號建立之病歷檔案 xxRcd。

列 27~35 將本次看診費用加入資料表 Amount 之營業額，以統計日營業額。

列 37~38 關閉資料庫。

(3) 檢視資料庫 Clinic.accdb：(如 12-2 節)

(a) 每日營業前，由網站管理員刪除前日 RegList 內之所有資料，以空白 RegList，提供當日使用。

(b) 每日營業前，由管理員務必於資料表 Amount 之欄位 "日期" 輸入當天日期；於 "營業額" 輸入 0。

(4) 執行本例項(1)~(2)檔案：(如範例 02)

(a) 為了連貫有序執行，檢視已將本例光碟 C:\BookCldApp\Program\ch12 內 18 個檔案複製至目錄：C:\Program Files\Java\Tomcat 7.0\webapps\ examples

(b) 重新啟動 Tomcat。

(c) 使用者開啟瀏覽器，使用網址：

http://163.15.40.242:8080/examples/01ClinicPage.jsp，其中 163.15.40.242 為網站主機之 IP，8080 為 port。(注意：讀者實作時應將 IP 改成自己雲端網站之 IP)

(d) 按 **看診序單** \ 依次序看診。

(e) 按 **藥品索引** \ 參考目前診所備有藥品。

(f) 醫生填寫看診資料。(已將資料輸入 xxRcd、Amount)

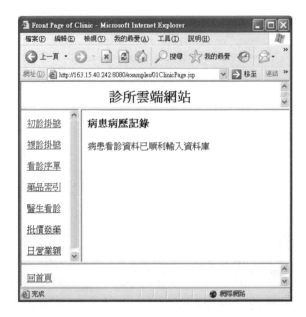

(g) 檢視資料表 xxRcd。（已輸入看診資料）

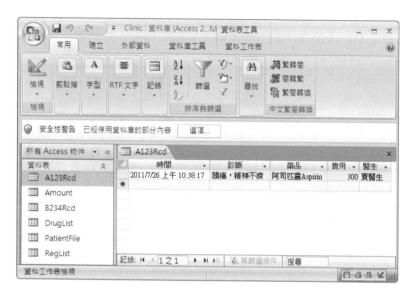

(h) 檢視資料表 Amount。（已輸入本次看診費用）

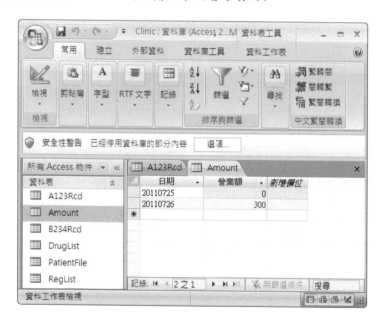

12-8 藥房批價發藥

一般小型診所都是由醫生確認藥品與看診費用，如前節、看診時醫生已將藥品與看診費用輸入，藥房負責發藥與收費。

如前節、相關資料已儲存於資料表 xxRcd 內，藥房輸入病患証號，即可印出藥品項目與費用，調製藥品交病患並收費。

> **範例 68**：設計檔案 15Pharm.html、16Pharm.jsp，使用資料庫 Clinic.accdb，
> 解說藥房批價發藥。

(1) 設計檔案 **15Pharm.html**（建立表單，等待輸入病患証號，驅動執行 16Pharm.jsp，編輯於 C:\BookCldApp\Program\ch12）

```
01 <HTML>
02 <HEAD>
03 <TITLE>Clinic</TITLE>
04 </HEAD>
05 <BODY>
06 <FORM METHOD="post" ACTION="16Pharm.jsp">
07 <p align="left">
08 <font size="5"><b>批價發藥</b></font>
09 </p>
10 <p>  </p>
11 <p align="left">
12 証號： <INPUT TYPE="text" NAME="ID" SIZE="20"><br>
13 </p>
14 <p>
15 <INPUT TYPE="submit" VALUE="遞送">
16 <INPUT TYPE="reset" VALUE="取消">
17 </FORM>
18 </BODY>
19 </HTML>
```

列 06 驅動執行 16Pharm.jsp。

列 12 建立表單，等待輸入病患証號。

(2) 設計檔案 **16Pharm.jsp**（印出批價藥品單）

```
01 <%@ page contentType="text/html;charset=big5" %>
02 <%@ page import= "java.sql.*" %>
03 <%@ page import= "java.io.*" %>
04 <html>
05 <head><title>TreatList</title></head><body>
06 <p align="left">
07 <font size="5"><b>印出批價發藥單</b></font>
08 </p>
09 <%


//連接資料庫
10   String JDriver = "sun.jdbc.odbc.JdbcOdbcDriver";
11   String connectDB="jdbc:odbc:Clinic";
12   Class.forName(JDriver);
13   Connection con = DriverManager.getConnection(connectDB);
14   Statement stmt = con.createStatement();

//宣告變數
15   request.setCharacterEncoding("big5");
16   String idStr= request.getParameter("ID");
17   String idRcd= idStr + "Rcd";

//設定 SQL 指令，讀取 xxRcd 之內容，印出批價看診藥品單
18   String sql="SELECT * FROM " + idRcd + " WHERE 時間= " +
             " (SELECT MAX(時間) FROM " + idRcd + ");" ;

19   if (stmt.execute(sql))    {
20     ResultSet rs = stmt.getResultSet();
21     %><TABLE BORDER= "1">
22     <TR><TD>看診時間</TD><TD>藥品</TD>
       <TD>費用</TD><TD>醫生</TD> </TR><%
23     while (rs.next()) {
         String timeStr= rs.getString("時間");
         String drugStr= rs.getString("藥品");
         int chargeInt= rs.getInt("費用");
         String doctorStr= rs.getString("醫生");

         out.print("<TR>");
         out.print("<TD>");   out.print(timeStr);    out.print("</TD>");
         out.print("<TD>");   out.print(drugStr);    out.print("</TD>");
         out.print("<TD>");   out.print(chargeInt);  out.print("</TD>");
         out.print("<TD>");   out.print(doctorStr);  out.print("</TD>");
         out.print("</TR>");
```

```
24    }
25    out.print("</TABLE><P></P>");
26  }

//關閉資料庫
27  stmt.close();
28  con.close();
29 %>
30 </body>
31 </html>
```

列 10~14 連接資料庫、建立操作機制。

列 15~17 宣告變數。

列 16   讀取前網頁表單輸入病患之証號。

列 18~26 讀取病歷 xxRcd 內容，並印出批價藥品單。

列 27~28 關閉資料庫。

(3) 檢視資料庫 Clinic.accdb：(如 12-2 節)

  (a) 每日營業前，由網站管理員刪除前日 RegList 內之所有資料，以空白 RegList，提供當日使用。

  (b) 每日營業前，由管理員務必於資料表 Amount 之欄位 "日期" 輸入當天 日期；於 "營業額" 輸入 0。

(4) 執行本例項(1)~(2)檔案：(如範例 02)

  (a) 為了連貫有序執行，檢視已將本例光碟 C:\BookCldApp\Program\ch12 內 18 個檔案複製至目錄：C:\Program Files\Java\Tomcat 7.0\webapps\ examples

  (b) 重新啟動 Tomcat。

  (c) 使用者開啟瀏覽器，使用網址：

    http://163.15.40.242:8080/examples/01ClinicPage.jsp，其中 163.15.40.242 為網 站主機之 IP，8080 為 port。(注意：讀者實作時應將 IP 改成自己雲端網 站之 IP)

(d) 按 **批價發藥** \ 輸入病患証號 \ 按 **遞送**。(印出批價發藥單)

12-9 日營業額

雖然是救人濟世之診所，也會關心賺錢與否，每日營業額是業主最關心的大事，以往要經過繁瑣的對帳與計算，才窺見結果，如今因系統電腦化，每日打烊時，只須按下鍵盤即有結果，省時有效。

範例 69：設計檔案 17DayAmount.html、18DayAmount.jsp，使用資料庫 Clinic.accdb，印出日營業額。(本例為本章完整診所雲端網站設計)

---

(1) 設計檔案 17DayAmount.html (建立表單，等待輸入看診日期，驅動執行 DayAmount.jsp，編輯於 C:\BookCldApp\Program\ch12)

```
01 <HTML>
02 <HEAD>
03 <TITLE>DayAmount</TITLE>
04 </HEAD>
05 <BODY>
06 <FORM METHOD="post" ACTION="18DayAmount.jsp">
07 <p align="left">
```

```
08 <font size="5"><b>輸入查詢日期</b></font>
09 </p>
10 <p>  </p>
11 <p align="left">
12 看診日期：<INPUT TYPE="text" NAME="timeday" SIZE="10">
              (YYYYMMDD 如20110715)<br>
13 </p>
14 <p>
15 <INPUT TYPE="submit" VALUE="遞送">
16 <INPUT TYPE="reset" VALUE="取消">
17 </FORM>
18 </BODY>
19 </HTML>
```

列 06   驅動執行 18DayAmount.jsp。

列 12   建立表單，等待輸入看診日期。

(2) 設計檔案 18DayAmount.jsp (印出日營業額)

```
01 <%@ page contentType="text/html;charset=big5" %>
02 <%@ page import= "java.sql.*, java.util.Date" %>
03 <html>
04 <head><title>DayAmount</title></head><body>
05 <%

//連接資料庫
06  String JDriver = "sun.jdbc.odbc.JdbcOdbcDriver";
07  String connectDB="jdbc:odbc:Clinic";
08  Class.forName(JDriver);
09  Connection con = DriverManager.getConnection(connectDB);
10  Statement stmt = con.createStatement();

//讀取前頁表單輸入之日期
11  request.setCharacterEncoding("big5");
12  String timeDay= request.getParameter("timeday");

//設定SQL指令，讀取Amount內容，印出當日營業額
13  String sql= "SELECT * FROM Amount WHERE 日期= '" +
              timeDay + "';";

14  %><font size="3"><b>日營業額</b></font></p><p><%

15  if (stmt.execute(sql))    {
```

```
16    ResultSet rs = stmt.getResultSet();
17    %><TABLE BORDER= "1">
18    <TR><TD>日期</TD><TD>營業額</TD> </TR><%
19    while (rs.next()) {
        int amountInt= rs.getInt("營業額");
        out.print("<TR>");
        out.print("<TD>");   out.print(timeDay);   out.print("</TD>");
        out.print("<TD>");  out.print(amountInt);  out.print("</TD>");
        out.print("</TR>");
20    }
21    out.print("</TABLE><P></P>");
22    }

//關閉資料庫
23    stmt.close();
24    con.close();
25    %>
26    </body>
27    </html>
```

列 06~10 連接資料庫，建立操作機制。

列 12   讀取前網頁表單輸入之看診日期。

列 13~22 設定 SQL 指令，讀取 Amount 內容，整齊印出當日營業額。

列 23~24 關閉資料庫。

(3) 檢視資料庫 Clinic.accdb：(如 12-2 節)

(a) 每日營業前，由網站管理員刪除前日 RegList 內之所有資料，以空白 RegList，提供當日使用。

(b) 每日營業前，由管理員務必於資料表 Amount 之欄位 "日期" 輸入當天日期；於 "營業額" 輸入 0。

(4) 執行本例項(1)~(2)檔案：(如範例 02)

(a) 為了連貫有序執行，檢視已將本例光碟 C:\BookCldApp\Program\ch12 內 18 個檔案複製至目錄：C:\Program Files\Java\Tomcat 7.0\webapps\ examples

(b) 重新啟動 Tomcat。

(c) 使用者開啟瀏覽器，使用網址：

http://163.15.40.242:8080/examples/01ClinicPage.jsp，其中 163.15.40.242 為網站主機之 IP，8080 為 port。(注意：讀者實作時應將 IP 改成自己雲端網站之 IP)

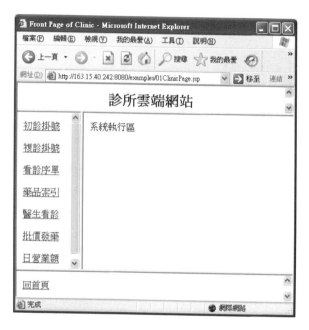

(e) 按 日營業額 \ 輸入看診日期 \ 按 遞送。(印出日營業額)

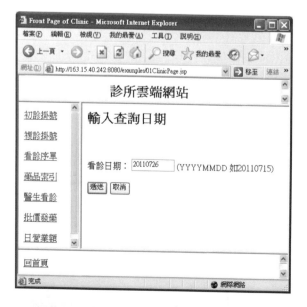

12-10 習題(Exercises)

1、一個最簡易診所私用雲端網站網頁設計,應考量那些問題?

2、於本章範例,資料庫中有那些資料表,必須在每日營業前先作淨空設定?

3、初診掛號與複診掛號有何不同?

4、於本章範例,有那兩份資料應隨時提供參考使用?

5、嘗試為您家附近診所,設計實用雲端網頁。

note

第13章

小說漫畫影片租借雲端網站 (Rent Cloud)

13-1 簡介

一般人安排假日休閒，除了郊外走走，就是租借小說、漫畫、或影片，拋開都市之喧囂忙碌，在家享受安靜溫暖時光。一般社區附近都可看到小說、漫畫、影片出租店。我們電腦人當然也可自我推薦，協助建立一個小型出租系統。

小說漫畫影片租借系統之設計，猶如是一間小型圖書館之設計，我們可推薦建立私用雲端網站，經營者只需備置簡易電腦，使用網站網頁，即可有效經營，包括多個連鎖店之經營，設計出租雲端網站，應考量：

1、**建立雲端網站資料庫**：提供儲存項品資料，建立客戶基本資料，計算租借費用，計算營業額。

2、**項品借出**：借出時間，借出租金，借出押金，預付租金；

3、**項品歸還**：歸還時間，過期罰則，損壞賠償；

4、**費用管理**：因其中有各種不同項目之費用，交錯收入支出，容易混亂，應有良好費用管理設計。

13-2 建立範例資料庫

依第七章，於目錄 C:\BookCldApp\Program\ch13\Database 建立資料庫 RentBook.accdb，於操作前，先建立 3 個基本資料表，且以 "RentBook" 為資料來源名稱作 ODBC 設定。

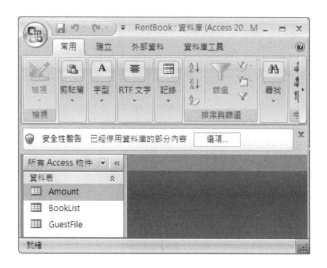

　　資料表 BookList 用於登錄店內所有書冊影片，供店員或客戶依據使用，包括欄位編號、書名、單價。

　　資料表 GuestFile 用於儲存客戶基本資料，當客戶初次註冊時，填寫基本資料，包括欄位証號、姓名、地址、電話，並用於爾後租借登入時，填入當次押金與預付租金。

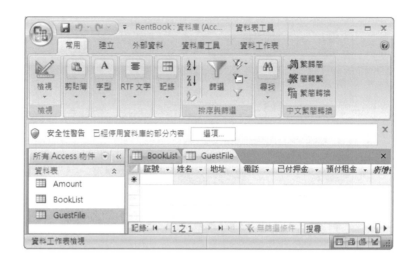

資料表 Amount 用於統計當日營業額，包括欄位日期、營業額。如前章、每日營業前，由管理員於欄位 "日期" 輸入當天日期；於 "營業額" 輸入 0。

13-3 建立網頁分割

參考第四章，將本章範例網頁分隔成上、中左、中右、下 4 個區塊。於上端區塊，印出網頁標題；於中左端區塊控制執行項目，執行於中右端區塊；

於下端區塊設定返回首頁機制。

範例 70：設計檔案 01RntBookPage.jsp、02RntTop.jsp、03RntMid_1.jsp、04RntMid_2.jsp、05RntBtm.jsp，**建立網頁分隔。**

---

(1) 設計檔案 01RntBookPage.jsp (建立上、中左、中右、下網頁 4 區塊分隔，編輯於 C:\BookCldApp\Program\ch13)

```
01 <HTML>
02 <HEAD>
03 <TITLE>Front Page of RentBook</TITLE>
04 </HEAD>
05 <FRAMESET ROWS= "10%, 80%, 10%" >
06  <FRAME NAME= "RntTop" SRC= "02RntTop.jsp">
07  <FRAMESET COLS= "20%,*">
08     <FRAME NAME= "RntMid_1" SRC= "03RntMid_1.jsp">
09     <FRAME NAME= "RntMid_2" SRC= "04RntMid_2.jsp">
10  </FRAMESET>
11  <FRAME NAME= "RntBtm" SRC= "05RntBtm.jsp">
12 </FRAMESET>
13 </HTML>
```

列 05~12 將網頁作上(10%)、中(80%)、下(10%) 3 區塊分隔。

列 06　　上區塊執行檔案 02RntTop.jsp。

列 07~10 將中區塊作左(20%)、右(80%) 分隔，分別執行檔案 03RntMid_1.jsp、04RntMid_2.jsp。

列 11　　下區塊執行檔案 RntBtm.jsp。

(2) 設計檔案 02RntTop.jsp (依 01RntBookPage.jsp 安排，執行於網頁上端區塊)

```
01 <%@ page contentType="text/html;charset=big5" %>
02 <html>
03 <head><title>RntBookTop</title></head>
04 <body>
05 <h2 align= "center">小說漫畫影片租借雲端網站</h2>
06 </body>
07 </html>
```

列 05　　　印出網頁標題。

(3) 設計檔案 03RntMid_1.jsp (依 01RntBookPage.jsp 安排，於中左端區塊控制執行項目，執行顯示於中右端區塊)

```
01 <%@ page contentType="text/html;charset=big5" %>
02 <html>
03 <head><title>RntMid_1</title></head>
04 <body>
05 <A HREF= "06RntReg.html" TARGET= "RntMid_2">新戶註冊</A><p>
06 <A HREF= "08RntLogin.html" TARGET= "RntMid_2">登入借閱</A><p>
07 <A HREF= "10RntList.html" TARGET= "RntMid_2">租借清單</A><p>
08 <A HREF= "12BookList.jsp" TARGET= "RntMid_2">書冊索引</A><p>
09 <A HREF= "13ReturnBook.html" TARGET= "RntMid_2">還書繳費</A><p>
10 <A HREF= "15RntAmount.html" TARGET= "RntMid_2">日營業額</A>
11 </body>
12 </html>
```

列 05~10 於中左端控制執行項目，執行顯示於中右端區塊。

(4) 設計檔案 04RntMid_2.jsp (依 01RntBookPage.jsp 安排，於中左區塊印出訊息)

```
01 <%@ page contentType="text/html;charset=big5" %>
02 <html>
03 <head><title>RntMid_2</title></head>
04 <body>
05 <h2 align= "left">本店租借規則：</h2>
06 <align= "left"><p></p>
07 1、每件每日(24 小時) 租金 10 元，不滿 1 日以 1 日計算。<br>
08 2、每件押金 200 元。<br>
09 3、每次最多租借 3 件。<br>
10 4、租期超過 7 日，每件每日罰金 2 元(即每日 12 元)。<br>
11 5、租期超過 12 日，沒收押金。<br>
12 6、書冊影片未歸還前，不得作下次租借。
13 </body>
14 </html>
```

列 07~12 印出規則訊息。

(5) 設計檔案 05RntBtm.jsp (依 RntPage.jsp 安排，於下端區塊設定返回首頁機制)

```
01 <%@ page contentType="text/html;charset=big5" %>
```

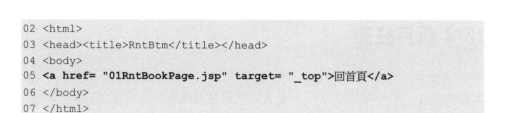

```
02 <html>
03 <head><title>RntBtm</title></head>
04 <body>
05 <a href= "01RntBookPage.jsp" target= "_top">回首頁</a>
06 </body>
07 </html>
```

列 05　　於下端區塊設定返回首頁機制。

(6) 執行項(1)~(5)檔案：(如範例 02)

(a) 為了連貫有序執行，將本例光碟 C:\BookCldApp\Program\ch13 內 16 個檔案複製至目錄：C:\Program Files\Java\Tomcat 7.0\webapps\examples

(b) 重新啟動 Tomcat。

(c) 使用者開啟瀏覽器，使用網址：

http://163.15.40.242:8080/examples/01RntBookPage.jsp，其中 163.15.40.242 為網站主機之 IP，8080 為 port。(注意：讀者實作時應將 IP 改成自己雲端網站之 IP)

13-4 新戶註冊

當新客戶第一次來店租借，應先註冊填寫個人基本資料，以建立：(1)**基本資料檔案**，用於資料搜尋；(2)**個人本次租借檔案**，用於租借記錄。

範例 71：設計檔案 06RntReg.html、07RntReg.jsp，使用資料庫 RentBook.accdb，**解說新戶註冊操作。**

---

(1) 設計檔案 06RntReg.html (建立表單，等待輸入新戶基本資料，驅動 07RntReg.jsp，編輯於 C:\BookCldApp\Program\ch13)

```
01 <HTML>
02 <HEAD>
03 <TITLE>Rent Book</TITLE>
04 </HEAD>
05 <BODY>
06 <FORM METHOD="post" ACTION="07RntReg.jsp">
07 <p align="left">
08 <font size="5"><b>新客戶註冊</b></font>
09 </p>
10 <p>  </p>
11 <p align="left">
12 証號：  <INPUT TYPE="text" NAME="ID" SIZE="20"><br>
13 姓名：  <INPUT TYPE="text" NAME="name" SIZE="10"><br>
14 地址：  <INPUT TYPE="text" NAME="addr" SIZE="40"><br>
15 電話：  <INPUT TYPE="text" NAME="tel" SIZE="20"><br>
16 </p>
17 <p>
18 <INPUT TYPE="submit" VALUE="遞送">
19 <INPUT TYPE="reset" VALUE="取消">
20 </FORM>
21 </BODY>
22 </HTML>
```

列 06　　驅動 FirstReg.jsp。

列 12~15 建立表單，等待輸入新戶基本資料。

(2) 設計檔案 07RntReg.jsp (以資料表 GuestFile 建立客戶檔案；以客戶証號為名稱，建立客戶個人資料表 xxRcd，用以記錄客戶本次租借項目)

```
01 <%@ page contentType= "text/html;charset=big5" %>
02 <%@ page import= "java.sql.*, java.util.Date" %>
03 <html>
04 <head><title>RentBook</title></head><body>
05 <p align="left">
06 <font size="4"><b>新客戶輸入基本資料</b></font></p><p>
07 <%
```

//連接資料庫
```
08  String JDriver = "sun.jdbc.odbc.JdbcOdbcDriver";
09  String connectDB="jdbc:odbc:RentBook";
10  Class.forName(JDriver);
11  Connection con = DriverManager.getConnection(connectDB);
12  Statement stmt = con.createStatement();
```

//宣告變數，讀取前頁表單之輸入資料
```
13  request.setCharacterEncoding("big5");
14  String idStr= request.getParameter("ID");
15  String nameStr= request.getParameter("name");
16  String addrStr= request.getParameter("addr");
17  String telStr= request.getParameter("tel");
18  int Mint= 0;
19  int Rint= 0;
```

//設定 SQL 指令，將資料寫入資料表 GuesFile
```
20  String sql1= "INSERT INTO GuestFile " +
            " (証號，姓名，地址，電話，已付押金，預付租金) " +
            " VALUES('" + idStr + "','" + nameStr + "','" +
            addrStr + "','" + telStr + "'," + Mint + "," + Rint + ")";
21  stmt.executeUpdate(sql1);
```

//設定 SQL 指令，以客戶証號建立資料表 xxRcd
```
22  String idRcd= idStr + "Rcd";
23  String sql2= "CREATE TABLE " + idRcd + "(" +
            "時間 TEXT(25), " +
            "計時 INTEGER, " +
            "租書編號 TEXT(10))";
24  stmt.executeUpdate(sql2);

25  out.print("<p>註冊成功，按左端 客戶登入</p>");
```

//關閉資料庫
```
26  stmt.close();
```

```
27  con.close();
28  %>
29  </body>
30  </html>
```

列 08~12 連接資料庫，建立操作機制。

列 14~17 讀取前網頁表單輸入之資料。

列 20~21 將客戶基本資料輸入至資料表 GuestFile，建立客戶檔案。

列 22~24 以客戶証號為名稱，建立客戶個人資料表，用以記錄客戶本次租借
　　　　項目。

(3) 檢視資料庫 RentBook.accdb：（如 13-2 節）

　注意：每日營業前，由管理員務必於資料表 Amount 之欄位 "日期" 輸入當
　　　　天日期；於 "營業額" 輸入 0。

(4) 執行本例項(1)~(2)檔案：（如範例 02）

　(a) 為了連貫有序執行，檢視已將本例光碟 C:\BookCldApp\Program\ch13
　　　內 16 個檔案複製至目錄：C:\Program Files\Java\Tomcat 7.0\webapps\
　　　examples

　(b) 重新啟動 Tomcat。

　(c) 使用者開啟瀏覽器，使用網址：

　　　http://163.15.40.242:8080/examples/01RntBookPage.jsp，其中 163.15.40.242 為
　　　網站主機之 IP，8080 為 port。(注意：讀者實作時應將 IP 改成自己雲端
　　　網站之 IP)

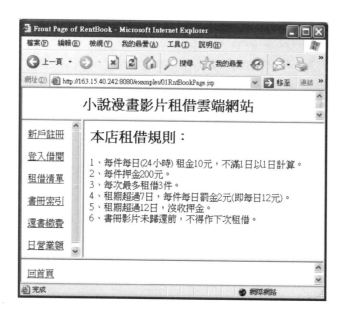

(d) 按 新戶註冊 \ 輸入客戶基本資料 \ 按 遞送。

(e) 檢視資料表 GuestFile。(已輸入客戶基本資料)

(g) 檢視資料表 xxRcd。(已建立完成)

13-5 客戶登入

客戶如果已曾註冊填寫基本資料，亦無積欠歸還書冊影片，即可登入辦理租借。為了便於管理，本範例一次最多出借 3 本，每本押金 200 元。

設計網頁表單，登入時輸入日期、証號、書冊編號、押金、預付租金。系統自動將資料分別寫入資料表 GuestFile、Amount、xxRcd。

> **範例 72**：設計檔案 08RntLogin.html、09RntLogin.jsp，使用資料庫 RentBook.accdb，**解說客戶登入借閱操作，辦理租借手續。**

(1) 設計檔案 08RntLogin.html (建立表單，等待輸入租借資料，驅動執行 09RntLogin.jsp，編輯於 C:\BookCldApp\Program\ch13)

```
01 <HTML>
02 <HEAD>
03 <TITLE>RentBook</TITLE>
04 </HEAD>
05 <BODY>
06 <FORM METHOD="post" ACTION="09RntLogin.jsp">
07 <p align="left">
```

```
08 <font size="5"><b>客戶登入</b></font>
09 </p>
10 <p> </p>
11 <p align="left">
12 借書日期：<INPUT TYPE="text" NAME="timeday" SIZE="10">
                (YYYYMMDD 如 20110715)<br>
13 客戶証號：<INPUT TYPE="text" NAME="ID" SIZE="20"><br>
14  1借件編號：<INPUT TYPE="text" NAME="Book1" SIZE="10"><br>
15  2借件編號：<INPUT TYPE="text" NAME="Book2" SIZE="10"><br>
16  3借件編號：<INPUT TYPE="text" NAME="Book3" SIZE="10"><br>
17 規定押金：<INPUT TYPE="text" NAME="Mcash" SIZE="10"><br>
18 預付租金：<INPUT TYPE="text" NAME="Rcash" SIZE="10"><br>
19 </p>
20 <p>
21 <INPUT TYPE="submit" VALUE="遞送">
22 <INPUT TYPE="reset" VALUE="取消">
23 </FORM>
24 </BODY>
25 </HTML>
```

列 06　　驅動執行 09RntLogin.jsp。

列 12~18 建立表單，等待輸入租借資料。

(2) 設計檔案 09RntLogin.jsp（將本次之押金與預付租金，加入資料表 GuestFile 此次租借人名下；將最多借 3 本書之資料寫入資料表 xxRcd；將本次收取費用加入資料表 Amount，累積日營業額）

```
01 <%@ page contentType= "text/html;charset=big5" %>
02 <%@ page import= "java.sql.*, java.util.Date" %>
03 <html>
04 <head><title>RentBook</title></head><body>
05 <p align="left">
06 <font size="4"><b>客戶登入</b></font></p><p>
07 <%

//連接資料庫
08  String JDriver = "sun.jdbc.odbc.JdbcOdbcDriver";
09  String connectDB="jdbc:odbc:RentBook";
10  Class.forName(JDriver);
11  Connection con = DriverManager.getConnection(connectDB);
12  Statement stmt = con.createStatement();
```

```
//宣告變數
13   request.setCharacterEncoding("big5");
14   Date timeDate= new Date();
15   String timeStr= timeDate.toLocaleString();
16   long timeL= timeDate.getTime();
17   int timeInt= (int)timeL;
18   String timeDay= request.getParameter("timeday");
19   String idStr= request.getParameter("ID");
20   String Book1= request.getParameter("Book1");
21   String Book2= request.getParameter("Book2");
22   String Book3= request.getParameter("Book3");
23   int amountInt= 0;

24   String Mstr= request.getParameter("Mcash");
25   int Mint= Integer.parseInt(Mstr);
26   int MInt= 0;

27   String Rstr= request.getParameter("Rcash");
28   int Rint= Integer.parseInt(Rstr);
29   int RInt= 0;
```

```
//設定 SQL 指令將本次新押金與預付租金，
加入資料表 GuestFile 本次租借人帳目
30   String sql1= "SELECT * FROM GuestFile WHERE 証號= '" +
                 idStr + "';";
31   if(stmt.execute(sql1)) {
32     ResultSet rs1= stmt.getResultSet();
33     while(rs1.next()) {
         MInt= rs1.getInt("已付押金");
         RInt= rs1.getInt("預付租金");
34     }
35   }
36   MInt= MInt + Mint;
37   RInt= RInt + Rint;
38   String sql2 = "UPDATE GuestFile SET 已付押金= " +
                 MInt + "," + " 預付租金= " + RInt +
                 " WHERE 証號= '" + idStr + "';";
39   stmt.executeUpdate(sql2);
```

```
//將最多借 3 件品項之資料寫入個人資料表 xxRcd
40   String idRcd= idStr + "Rcd";
41   if(Book1 != "") {
       String sql3= "INSERT INTO " + idRcd  +
```

```
                        " (時間, 計時, 租書編號) " +
                        " VALUES('" + timeStr + "'," + timeInt + ",'" +
                        Book1 + "')";
          stmt.executeUpdate(sql3);
42 }

43 if(Book2 != "") {
      String sql4= "INSERT INTO " + idRcd +
                  " (時間, 計時, 租書編號) " +
                  " VALUES('" + timeStr + "'," + timeInt + ",'" +
                              Book2 + "')";
          stmt.executeUpdate(sql4);
44 }

45 if(Book3 != "") {
      String sql5= "INSERT INTO " + idRcd +
                  " (時間, 計時, 租書編號) " +
                  " VALUES('" + timeStr + "'," + timeInt + ",'" +
                  Book3 + "')";
          stmt.executeUpdate(sql5);
46 }
```

//將本次收取費用加入資料表Amount，累積日營業額
```
47 String sql6= "SELECT *  FROM Amount WHERE 日期='" +
                  timeDay  + "';";
48 if(stmt.execute(sql6)) {
      ResultSet rs6= stmt.getResultSet();
      while (rs6.next()) {
        amountInt= rs6.getInt("營業額");
49    }
50 }

51 amountInt= amountInt + Mint + Rint;
52 String sql7= "UPDATE Amount SET 營業額= " +
                  amountInt + " WHERE 日期= '" + timeDay + "';";
53 stmt.executeUpdate(sql7);

54 out.print("<p>登入資料已順利輸入資料庫 </p>");
```

//驅動執行10RntList.html
```
55 out.print("<A HREF=");
56 out.print("'10RntList.html'");
57 out.print(">領取租借清單</A></p><p>");
```

```
//關閉資料庫
58  stmt.close();
59  con.close();
60  %>
61  </body>
62  </html>
```

列 08~12 連接資料庫,建立操作機制。

列 13~29 宣告變數。

列 14~17 讀取雲端網站時間,建立可計算之計時值。(參考第九章)

列 18~22 讀取前網頁表單輸入之租借資料。

列 24~26 建立可計算押金變數。

列 27~29 建立可計算預付租金變數。

列 30~39 設定 SQL 指令將本次新押金與預付租金,加入資料表 GuestFile 本次租借人帳目。

列 30~35 讀取資料表 GuestFile 原有押金與預付租金。

列 36~39 將本次新押金與新預付租金,加以原押金與原預付租金,更新料表 GuestFile 本次租借人帳目。

列 40~46 將最多借 3 件品項之資料寫入個人資料表 xxRcd。

列 47~54 將本次收取費用加入資料表 Amount,累積日營業額。

列 55~57 驅動執行 10RntList.html。

列 58~59 關閉資料庫。

(3) 檢視資料庫 RentBook.accdb:(如 13-2 節)

注意:每日營業前,由管理員務必於資料表 Amount 之欄位 "日期" 輸入當天日期;於 "營業額" 輸入 0。

(4) 執行本例項(1)~(2)檔案:(如範例 02)

(a) 為了連貫有序執行,檢視已將本例光碟 C:\BookCldApp\Program\ch13 內 16 個檔案複製至目錄:C:\Program Files\Java\Tomcat 7.0\webapps\examples

(b) 重新啟動 Tomcat。

(c) 使用者開啟瀏覽器，使用網址：

http://163.15.40.242:8080/examples/01RntBookPage.jsp，其中 163.15.40.242 為網站主機之 IP，8080 為 port。(注意：讀者實作時應將 IP 改成自己雲端網站之 IP)

(d) 按 登入借閱 \ 輸入租借資料 \ 按 遞送。

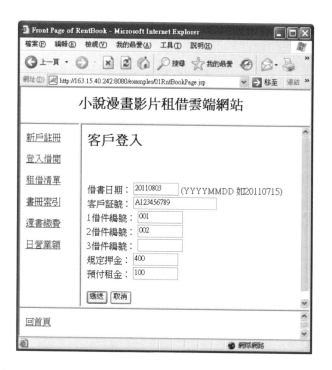

(e) 領取清單。(將於下一節解說)

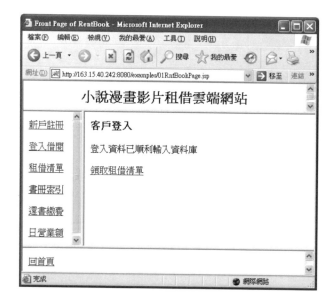

(f) 檢視資料表 GuestFile。(已將押金、預付租金寫入)

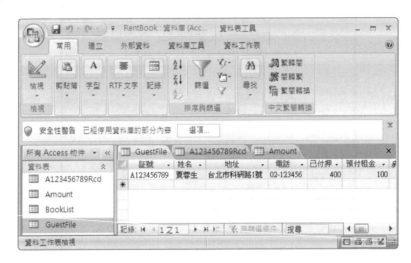

(g) 檢視資料表 xxRcd。(已將租借時間、計時值、書冊編號寫入)

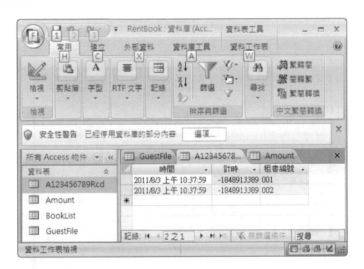

(h) 檢視資料表 Amount。(已將本次收入加入營業額)

13-6 租借清單

當登入手續完成後，系統將印出租借清單，包括租借時間、書冊編號、已付押金、預付租金，如同收據伴隨租借書交客戶保管。

範例 73：設計檔案 10RntList.html、11RntList.jsp，使用資料庫 RentBook.accdb，**解說印製租借清單操作**。

---

(1) 設計檔案 10RntList.html (建立表單，等待輸入客戶証號，驅動執行 11RntList.jsp，編輯於 C:\BookCldApp\Program\ch13)

```
01 <HTML>
02 <HEAD>
03 <TITLE>RentList</TITLE>
04 </HEAD>
05 <BODY>
06 <FORM METHOD="post" ACTION="11RntList.jsp">
07 <p align="left">
08 <font size="5"><b>輸入客戶証號</b></font>
09 </p>
```

```
10 <p> </p>
11 <p align="left">
12 客戶証號： <INPUT TYPE="text" NAME="ID" SIZE="20"><br>
13 </p>
14 <p>
15 <INPUT TYPE="submit" VALUE="遞送">
16 <INPUT TYPE="reset" VALUE="取消">
17 </FORM>
18 </BODY>
19 </HTML>
```

列 06 　　　驅動執行 11RntList.jsp。

列 12 　　　建立表單，等待輸入客戶証號。

(2) 設計 11RntList.jsp (印出客戶資料、租借書冊，用以建立租借清單)

```
01 <%@ page contentType="text/html;charset=big5" %>
02 <%@ page import= "java.sql.*" %>
03 <%@ page import= "java.io.*" %>
04 <html>
05 <head><title>RntList</title></head><body>
06 <p align="left">
07 <font size="5"><b>租借清單</b></font>
08 </p>
09 <%

//連接資料庫
10  String JDriver = "sun.jdbc.odbc.JdbcOdbcDriver";
11  String connectDB="jdbc:odbc:RentBook";
12  Class.forName(JDriver);
13  Connection con = DriverManager.getConnection(connectDB);
14  Statement stmt = con.createStatement();

//讀取前頁表單之輸入証號
15  request.setCharacterEncoding("big5");
16  String idStr= request.getParameter("ID");

17  %><font size="3"><b>租借客戶：</b></font><br><%

//設定 SQL 指令，讀取資料表 GuestFile 本次借閱客戶付款資料，並印出
18  String sql1="SELECT * FROM GuestFile WHERE 証號= '" +
              idStr + "';" ;
19  if (stmt.execute(sql1))  {
```

```
       ResultSet rs1 = stmt.getResultSet();
       %><TABLE BORDER= "1">
       <TR><TD>証號</TD><TD>姓名</TD>
             <TD>已付押金</TD>  <TD>預付租金</TD>
       </TR><%
20     while (rs1.next()) {
           String nameStr= rs1.getString("姓名");
           int Mint= rs1.getInt("已付押金");
           int Rint= rs1.getInt("預付租金");
           out.print("<TR>");
           out.print("<TD>");    out.print(idStr);    out.print("</TD>");
           out.print("<TD>");    out.print(nameStr);  out.print("</TD>");
           out.print("<TD>");    out.print(Mint);     out.print("</TD>");
           out.print("<TD>");    out.print(Rint);     out.print("</TD>");
           out.print("</TR>");
21      }
22     out.print("</TABLE><P></P>");
23  }
```

//設定 SQL 指令，讀取資料表 **xxRcde** 本次借閱客戶之借出時間與品號，並印出
```
24  %><font size="3"><b>租借書冊：</b></font><br><%
25  String idRcd= idStr + "Rcd";
26  String sql2="SELECT * FROM " + idRcd + ";" ;
27  if (stmt.execute(sql2))    {
       ResultSet rs2 = stmt.getResultSet();
       %><TABLE BORDER= "1">
       <TR><TD>時間</TD><TD>租書編號</TD></TR><%
28     while (rs2.next()) {
           String timeStr= rs2.getString("時間");
           String numStr= rs2.getString("租書編號");
           out.print("<TR>");
           out.print("<TD>");    out.print(timeStr);  out.print("</TD>");
           out.print("<TD>");     out.print(numStr);  out.print("</TD>");
           out.print("</TR>");
29      }
30     out.print("</TABLE><P></P>");
31  }
```

//關閉資料庫
```
32  stmt.close();
33  con.close();
34  %>
35  </body>
```

```
36 </html>
```

列 10~14 連接資料庫，建立操作機制。

列 16　　讀取前網頁表單輸入之証號。

列 18~23 設定 SQL 指令，讀取資料表 GuestFile 本次借閱客戶付款資料，並印出。

列 24~31 設定 SQL 指令，讀取資料表 xxRcde 本次借閱客戶之借出時間與品號，並印出設。

列 32~33 關閉資料庫。

(3) 檢視資料庫 RentBook.accdb：（如 13-2 節）

注意：每日營業前，由管理員務必於資料表 Amount 之欄位 "日期" 輸入當天日期；於 "營業額" 輸入 0。

(4) 執行本例項(1)~(2)檔案：（如範例 02）

(a) 為了連貫有序執行，檢視已將本例光碟 C:\BookCldApp\Program\ch13 內 16 個檔案複製至目錄：C:\Program Files\Java\Tomcat 7.0\webapps\examples

(b) 重新啟動 Tomcat。

(c) 使用者開啟瀏覽器，使用網址：

http://163.15.40.242:8080/examples/01RntBookPage.jsp，其中 163.15.40.242 為網站主機之 IP，8080 為 port。(注意：讀者實作時應將 IP 改成自己雲端網站之 IP)

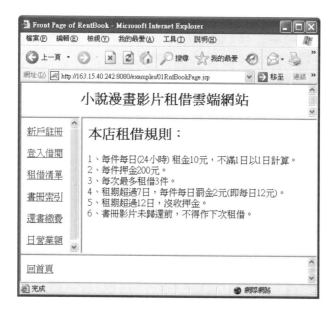

(d) 按 租借清單 (或延續範例 72 按 領取租借清單)＼輸入証號＼按 遞送。(印出租借清單)

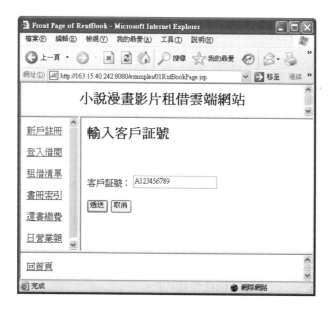

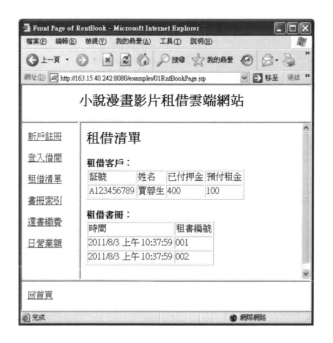

13-7 書冊索引

　　當客戶借書，或管理員盤存時，除了參照架上實體陳列品項之外，系統應另備一份查詢索引。本範例設定資料表 BookList(如 13-2 節)，由管理員登錄本店書冊影片，本節設計程式 12BookList.jsp，讀取資料表 BookList 之內容，即可印出查詢索引。

> **範例 74**：設計檔案 12BookList.jsp，使用資料庫 RentBook.accdb，解說印製書冊索引之操作。

(1) 設計檔案 **12BookList.jsp** (讀取資料表 BookList 內容，製成書冊索引，編輯於 C:\BookCldApp\Program\ch13)

```
01 <%@ page contentType="text/html;charset=big5" %>
02 <%@ page import= "java.sql.*" %>
03 <%@ page import= "java.io.*" %>
04 <html>
```

```
05 <head><title>BookList</title></head><body>
06 <p align="left">
07 <font size="5"><b>本店書冊影片清單</b></font>
08 </p>
09 <%
```

//連接資料庫

```
10   String JDriver = "sun.jdbc.odbc.JdbcOdbcDriver";
11   String connectDB="jdbc:odbc:RentBook";
12   Class.forName(JDriver);
13   Connection con = DriverManager.getConnection(connectDB);
14   Statement stmt = con.createStatement();

15   request.setCharacterEncoding("big5");
```

//設定 SQL 指令讀取資料表 BookList 內容，並印出

```
16   String sql="SELECT * FROM BookList" ;

17   if (stmt.execute(sql))   {
18     ResultSet rs = stmt.getResultSet();
19     %><TABLE BORDER= "1">
20     <TR><TD>編號</TD><TD>書名</TD>
             <TD>單價</TD> </TR><%
21     while (rs.next()) {
         String idStr= rs.getString("編號");
         String nameStr= rs.getString("書名");
         int eachPrice= rs.getInt("單價");

         out.print("<TR>");
         out.print("<TD>");    out.print(idStr);    out.print("</TD>");
         out.print("<TD>");    out.print(nameStr);    out.print("</TD>");
         out.print("<TD>");  out.print(eachPrice);  out.print("</TD>");
         out.print("</TR>");
22     }
23     out.print("</TABLE><P></P>");
24   }
```

//關閉資料庫

```
25   stmt.close();
26   con.close();
27 %>
28 </body>
29 </html>
```

列 10~14 連接資料庫，建立操作機制。

列 16~24 設定 Sql 指令，讀取資料表 BookList 內容，製成書冊索引。

列 25~26 關閉資料庫。

(2) 檢視資料庫 RentBook.accdb：(如 13-2 節)

注意：每日營業前，由管理員務必於資料表 Amount 之欄位 "日期" 輸入當天日期；於 "營業額" 輸入 0。

(3) 執行本例項(1)~(2)檔案：(如範例 02)

(a) 為了連貫有序執行，檢視已將本例光碟 C:\BookCldApp\Program\ch13 內 16 個檔案複製至目錄：C:\Program Files\Java\Tomcat 7.0\webapps\examples

(b) 重新啟動 Tomcat。

(c) 使用者開啟瀏覽器，使用網址：

http://163.15.40.242:8080/examples/01RntBookPage.jsp，其中 163.15.40.242 為網站主機之 IP，8080 為 port。(注意：讀者實作時應將 IP 改成自己雲端網站之 IP)

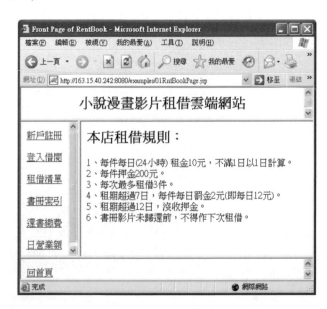

(d) 按 書冊索引。(表格整齊印出)

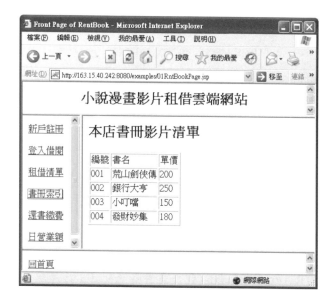

13-8 還書繳費

客戶歸還書冊影片時，輸入日期與証號，系統將自動印出歸還清單，包括書冊細目、身份確認、與費用細目。

範例 75：設計檔案 13ReturnBook.html、14ReturnBook.jsp，**解說還書繳費之操作。**

---

(1) 設計檔案 **13ReturnBook.html** (建立表單，等待輸入日期與証號，驅動執行 ReturnBook.jsp，編輯於 C:\BookCldApp\Program\ch13)

```
01 <HTML>
02 <HEAD>
03 <TITLE>ReturnBook</TITLE>
04 </HEAD>
05 <BODY>
06 <FORM METHOD="post" ACTION="14ReturnBook.jsp">
07 <p align="left">
```

```
08 <font size="5"><b>輸入日期與証號</b></font>
09 </p>
10 <p>  </p>
11 <p align="left">
12 還書日期: <INPUT TYPE="text" NAME="timeday" SIZE="10">
                (YYYYMMDD 如20110715)<br>
13 客戶証號: <INPUT TYPE="text" NAME="ID" SIZE="20"><br>
14 </p>
15 <p>
16 <INPUT TYPE="submit" VALUE="遞送">
17 <INPUT TYPE="reset" VALUE="取消">
18 </FORM>
19 </BODY>
20 </HTML>
```

列 06　　驅動執行 14ReturnBook.jsp。

列 12~13 建立表單，等待輸入日期與証號。

(2) 設計檔案 14ReturnBook.jsp (印出還書清單細目；計算租借付款額；印出借書人姓名、與費用；將本次還書費用加入資料表 DayAmount；將資料表 QuestFile 其欄位 "已付押金"、"預付租金" 歸 0；建立新資料表 xxRcd)

```
01 <%@ page contentType="text/html;charset=big5" %>
02 <%@ page import= "java.sql.*, java.util.Date" %>
03 <%@ page import= "java.io.*" %>
04 <html>
05 <head><title>ReturnBook</title></head><body>
06 <p align="left">
07 <font size="5"><b>還書繳費</b></font>
08 </p>
09 <%

//連接資料庫
10  String JDriver = "sun.jdbc.odbc.JdbcOdbcDriver";
11  String connectDB="jdbc:odbc:RentBook";
12  Class.forName(JDriver);
13  Connection con = DriverManager.getConnection(connectDB);
14  Statement stmt = con.createStatement();

//宣告變數
15  request.setCharacterEncoding("big5");
16  Date nowDate= new Date();
```

```
17   String nowStr= nowDate.toLocaleString();
18   long nowL= nowDate.getTime();
19   int nowInt= (int)nowL;
20   String idStr= request.getParameter("ID");
21   String timeDay= request.getParameter("timeday");

22   int moneyPay= 0;
23   int amountPay= 0;
24   int amountInt= 0;

25   %><font size="3"><b>租借書冊：</b></font><br><%
```

//印出選書細目，計算每本租借費用
```
26   String idRcd= idStr + "Rcd";
27   String sql1="SELECT * FROM " + idRcd + ";" ;
28   if (stmt.execute(sql1))     {
29     ResultSet rs1 = stmt.getResultSet();
30     %><TABLE BORDER= "1">
31     <TR><TD>租書時間</TD><TD>租書編號</TD></TR><%
32     while (rs1.next()) {
33       String timeStr= rs1.getString("時間");
34       int timeInt= rs1.getInt("計時");
35       String numStr= rs1.getString("租書編號");
36       out.print("<TR>");
37       out.print("<TD>");    out.print(timeStr);    out.print("</TD>");
38       out.print("<TD>");    out.print(numStr);    out.print("</TD>");
39       out.print("</TR>");

40       int timePay= nowInt - timeInt;
41       int dayPay= timePay/1000/86400 + 1;
42       if(dayPay <= 7)
43         moneyPay= moneyPay + (dayPay * 10);
44       else if (dayPay <= 12)
45             moneyPay= moneyPay + 70 + ((dayPay - 7) * 12);
46          else
47             moneyPay= moneyPay + 200;
48     }
49     out.print("</TABLE><P></P>");
50   }
```

//印出客戶姓名，與各項費用細目
```
51   %><font size="3"><b>租借費用清單：</b></font><br><%
52   String sql2="SELECT * FROM GuestFile WHERE 証號= '" +
```

```
                    idStr + "';" ;
53  if (stmt.execute(sql2))    {
54    ResultSet rs2 = stmt.getResultSet();
55    %><TABLE BORDER= "1">
56    <TR><TD>証號</TD><TD>姓名</TD><TD>已付押金</TD>
              <TD>預付租金</TD> <TD>租金</TD> <TD>應繳費用</TD>
57    </TR><%
58    while (rs2.next()) {
59      String nameStr= rs2.getString("姓名");
60      int Mint= rs2.getInt("已付押金");
61      int Rint= rs2.getInt("預付租金");

62      amountPay= moneyPay - Mint - Rint;

64      out.print("<TR>");
65      out.print("<TD>");    out.print(idStr);    out.print("</TD>");
66      out.print("<TD>");    out.print(nameStr);    out.print("</TD>");
67      out.print("<TD>");    out.print(Mint);    out.print("</TD>");
68      out.print("<TD>");    out.print(Rint);    out.print("</TD>");
69     out.print("<TD>");   out.print(amountPay);   out.print("</TD>");
70      out.print("</TR>");
71    }
72    out.print("</TABLE><P></P>");
73  }

//將本次還書收入加入資料表Amount，累積日營業額
74   String sql3= "SELECT *   FROM Amount WHERE 日期='" +
                  timeDay  + "';";
75  if(stmt.execute(sql3)) {
76    ResultSet rs3= stmt.getResultSet();
77    while (rs3.next()) {
78      amountInt= rs3.getInt("營業額");
79    }
80  }

81  amountInt= amountInt + amountPay;

82   String sql4= "UPDATE Amount SET 營業額= " +
                  amountInt + " WHERE 日期= '" + timeDay + "';";
83  stmt.executeUpdate(sql4);

//因本次借書人已付清費用，將該客戶帳目歸0，提供下次借書再使用
84  int new_Mint= 0, new_Rint= 0;
```

```
85  String sql5 = "UPDATE GuestFile SET 已付押金= " +
              new_Mint + "," + " 預付租金= " + new_Rint +
              " WHERE 証號= '" + idStr + "';";
86  stmt.executeUpdate(sql5);

//清除本次借書人舊有 xxRcd，同時建立新 xxRcd，提供下次借書使用
87  String sql6= "DROP TABLE " + idRcd + ";";
88  stmt.execute(sql6);

89  String sql7= "CREATE TABLE " + idRcd + "(" +
              "時間 TEXT(25), " +
              "計時 INTEGER, " +
              "租書編號 TEXT(10))";
90  stmt.executeUpdate(sql7);

//關閉資料庫
91  stmt.close();
92  con.close();
93  %>
94  </body>
95  </html>
```

列 10~14 連接資料庫，建立操作機制。

列 15~25 宣告變數。

列 16~19 讀取雲端網站系統時間。

列 20~21 讀取前網頁表單輸入之資料(日期與証號)。

列 22~24 設定宣告變數之初值。

列 26~50 印出還書細目，計算每本租借費用。

列 27 　　設定 SQL 指令，讀取 xxRcd 內容資料。

列 33~39 表格整齊印出每一借書租借時間與書號。

列 40~47 計算應付租金。

列 40 　　timePay 為租借期間計時；nowInt 為還書時間計時；timeInt 為借書
　　　　時間計時。

列 41 　　將計時轉換成日期間。

列 42~47 每本每日租金 10 元，不滿 1 日以 1 日計算；租期以 7 日為限，過期
　　　　每日罰金 2 元(即每日 12 元)；過期 12 日，沒收押金。

列 51~73 印出客戶姓名,與各項費用細目。

列 52　　　設定 SQL 指令,讀取借書人在 GuestFile 之內容資料。

列 53~72 表格整齊印各項費用細目。

列 74~83 將本次還書收入加入資料表 Amount,累積日營業額。

列 84~86 因本次借書人已付清費用,將該客戶帳目歸 0,提供下次借書再使用。

列 87~90 清除本次借書人舊有 xxRcd,同時建立新 xxRcd,提供下次借書使用。

列 91~92 關閉資料庫。

(3) 檢視資料庫 RentBook.accdb:(如 13-2 節)

　注意:每日營業前,由管理員務必於資料表 Amount 之欄位 "日期" 輸入當天日期;於 "營業額" 輸入 0。

(4) 執行本例項(1)~(2)檔案:(如範例 02)

　(a) 為了連貫有序執行,檢視已將本例光碟 C:\BookCldApp\Program\ch13 內 16 個檔案複製至目錄:C:\Program Files\Java\Tomcat 7.0\webapps\examples

　(b) 重新啟動 Tomcat。

　(c) 使用者開啟瀏覽器,使用網址:

　　http://163.15.40.242:8080/examples/01RntBookPage.jsp,其中 163.15.40.242 為網站主機之 IP,8080 為 port。(注意:讀者實作時應將 IP 改成自己雲端網站之 IP)

(d) 按 **還書繳費** \ 輸入日期與証號 \ 按 **遞送**。

(e) 系統自動印出還書清單與繳費細目。

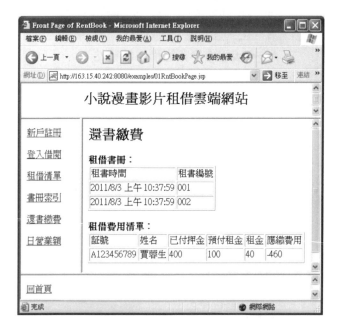

(f) 檢視資料表 GuestFile。(已將資料表 QuestFile 其欄位 "已付押金"、"預付租金" 歸 0)

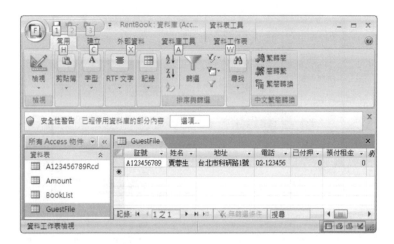

(g) 檢視資料表 xxRcd。(已清除本次借書人舊有 xxRcd，同時建立新 xxRcd，提供下次借書使用)

(h) 檢視資料表 Amount。(將本次還書費用加入資料表 Amount)

(5) 討論事項：

(a) 本例借還日期與費用計算，是以雲端網站實體時鐘為計算依據，與網頁表單輸入日期無關。

(b) 網頁表單輸入之日期，是用於日營業額之搜尋。

(c) 當讀者測試本例時，應真實等待 3 日、7 日、或 12 日，當然亦可調動雲端網站實體時鐘代替之。

13-9 日營業額

　　無論何種行業，最關心的應是經費問題，如果不能賺錢，就無法支付必要開支，也就無法維持業務之推展，尤其是本章這類書冊影片租借店，因押金、預付租金、歸還繳費等之錯綜來往費用，使經費來去複雜，不易統計，因此電腦系統更應闢出一塊，建立日營業額之設計。

> **範例 76**：設計檔案 15RntAmount.html、16RntAmount.jsp，使用資料庫 RentBook.accdb，**解說日營業額之操作**。(本例為完整小說影片租借系統設計)

(1) 設計檔案 15RntAmount.html (建立表單，等待輸入查詢日期；驅動執行 DayAmount.jsp，編輯於 C:\BookCldApp\Program\ch13)

```
01 <HTML>
02 <HEAD>
03 <TITLE>DayAmount</TITLE>
04 </HEAD>
05 <BODY>
06 <FORM METHOD="post" ACTION="16RntAmount.jsp">
07 <p align="left">
08 <font size="5"><b>輸入查詢日期</b></font>
09 </p>
10 <p>  </p>
11 <p align="left">
12 查詢日期：  <INPUT TYPE="text" NAME="timeday" SIZE="10">
               (YYYYMMDD 如 20110715)<br>
13 </p>
14 <p>
15 <INPUT TYPE="submit" VALUE="遞送">
16 <INPUT TYPE="reset" VALUE="取消">
17 </FORM>
```

```
18  </BODY>
19  </HTML>
```

列 06   驅動執行 16RntAmount.jsp。

列 12   建立表單，等待輸入查詢日期。

(2) 設計檔案 16RntAmount.jsp (整齊印出日營業額)

```
01  <%@ page contentType="text/html;charset=big5" %>
02  <%@ page import= "java.sql.*, java.util.Date" %>
03  <html>
04  <head><title>DayAmount</title></head><body>
05  <%

//連接資料庫
06  String JDriver = "sun.jdbc.odbc.JdbcOdbcDriver";
07  String connectDB="jdbc:odbc:RentBook";
08  Class.forName(JDriver);
09  Connection con = DriverManager.getConnection(connectDB);
10  Statement stmt = con.createStatement();

//讀取前網頁表單輸入之日期
11  request.setCharacterEncoding("big5");
12  String timeDay= request.getParameter("timeday");

//設定 SQL 指令，讀取資料表 Amount 要求日期之營業額，並印出
13  String sql= "SELECT * FROM Amount WHERE 日期= '" +
              timeDay + "';";

14  %><font size="3"><b>日營業額</b></font></p><p><%

15  if (stmt.execute(sql))    {
16    ResultSet rs = stmt.getResultSet();
17    %><TABLE BORDER= "1">
18    <TR><TD>日期</TD><TD>營業額</TD> </TR><%
19    while (rs.next()) {
        int amountInt= rs.getInt("營業額");
        out.print("<TR>");
        out.print("<TD>");   out.print(timeDay);   out.print("</TD>");
        out.print("<TD>");   out.print(amountInt);   out.print("</TD>");
        out.print("</TR>");
20    }
21    out.print("</TABLE><P></P>");
```

```
22  }
```

```
//關閉資料庫
23  stmt.close();
24  con.close();
25  %>
26  </body>
27  </html>
```

列 06~10 連接資料庫，建立操作機制。

列 11~12 讀取前網頁表單輸入之查詢日期。

列 13~22 設定 SQL 指令，讀取資料表 Amount 要求日期之營業額，並印出。

列 23~24 關閉資料庫。

(3) 檢視資料庫 RentBook.accdb：(如 13-2 節)

   注意：每日營業前，由管理員務必於資料表 Amount 之欄位 "日期" 輸入當天日期；於 "營業額" 輸入 0。

(4) 執行本例項(1)~(2)檔案：(如範例 02)

   (a) 為了連貫有序執行，檢視已將本例光碟 C:\BookCldApp\Program\ch13 內 16 個檔案複製至目錄：C:\Program Files\Java\Tomcat 7.0\webapps\examples

   (b) 重新啟動 Tomcat。

   (c) 使用者開啟瀏覽器，使用網址：

   http://163.15.40.242:8080/examples/01RntBookPage.jsp，其中 163.15.40.242 為網站主機之 IP，8080 為 port。(注意：讀者實作時應將 IP 改成自己雲端網站之 IP)

(d) 按 日營業額 \ 輸入查詢日期 \ 按 遞送。

(e) 印出日營業額。

13-10 習題(Exercises)

1、一個最簡易小說漫畫影片租借私用雲端網站網頁設計，應考量那些問題？

2、本章範例借還日期與費用計算，應注意那些問題？

3、本章各網頁表單輸入之日期，主要用於何處？

4、本章範例僅使用兩天借還期，請自行嘗試 8 日、13 日借還期之執行問題。

5、嘗試為您家附近小說漫畫影片租借店，設計實用雲端網頁。

note

第 14 章

補習班雲端網站
(Supplementary School Cloud)

14-1 簡介

年青人為了升學，老年人為了興趣，都會到補習班去走一遭，學些自己想要的知識。經統計，80%有企圖心的青年，都有補習班上課的經驗。

補習班猶如一間小型學校，在雲端網站設計上應考量：學生、教師、課程、教室、成績、經費等項目。本章將這些重點，以範例設計一個最簡單之補習班雲端網站電腦化系統，一旦完成建立，補習班各部門(包括各連鎖班次)即可以簡單的電腦設備，流暢推展各項業務。

14-2 建立範例資料庫

依第七章，於目錄 C:\BookCldApp\Program\ch14\Database 建立資料庫 School.accdb，於操作前，先建立多個基本資料表(如下圖)，且以 "School" 為資料來源名稱作 ODBC 設定。

資料表 ClassList 用於登錄班內所有開班課程，供學生選擇上課，包括欄位課程編號、課程名稱、教室編號、上課時間、課程費用、與授課教師。

資料表 TeacherFile 用於登錄班內所有教師資料，除了供班內行政作業外，亦提供學生選擇上課，包括欄位証號、姓名、地址、電話、與課目。

資料表 StudentFile 用於登錄學生資料，包括欄位証號、姓名、家長、地址、電話、課程、與繳費。

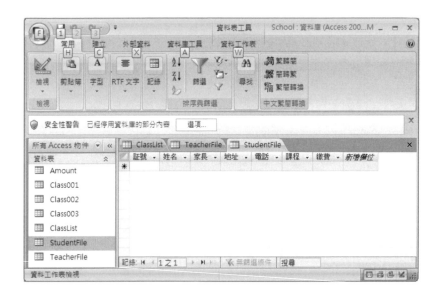

資料表 Classxxx 用於登錄課堂名冊，包括欄位証號、姓名、成績 1、與成績 2。

資料表 Amount 用於統計當日營業額，包括欄位日期、營業額。如前章、每日營業前，由管理員於欄位 "日期" 輸入當天日期；於 "營業額" 輸入 0。

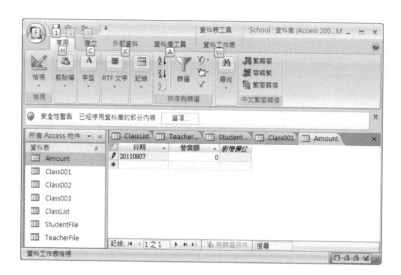

14-3 建立網頁分割

　　參考第四章，將本章範例網頁分隔成上、中左、中右、下 4 個區塊。於上端區塊，印出網頁標題；於中左端區塊控制執行項目，執行於中右端區塊；於下端區塊設定返回首頁機制。

> **範例 77**：設計檔案 01SchlPage.jsp、02SchlTop.jsp、03SchlMid_1.jsp、04SchlMid_2.jsp、05SchlBtm.jsp，**建立網頁分隔**。

(1) 設計檔案 01SchlPage.jsp (建立上、中左、中右、下網頁 4 區塊分隔，編輯於 C:\BookCldApp\Program\ch14)

```
01 <HTML>
02 <HEAD>
03 <TITLE>Front Page of School</TITLE>
04 </HEAD>
05 <FRAMESET ROWS= "10%, 80%, 10%" >
06  <FRAME NAME= "SchlTop" SRC= "02SchlTop.jsp">
07  <FRAMESET COLS= "20%,*">
08     <FRAME NAME= "SchlMid_1" SRC= "03SchlMid_1.jsp">
09     <FRAME NAME= "SchlMid_2" SRC= "04SchlMid_2.jsp">
10  </FRAMESET>
```

```
11  <FRAME NAME= "SchlBtm" SRC= "05SchlBtm.jsp">
12  </FRAMESET>
14  </HTML>
```

列 05~12 將網頁作上(10%)、中(80%)、下(10%) 3 區塊分隔。

列 06　　　上區塊執行檔案 02SchlTop.jsp。

列 07~10 將中區塊作左(20%)、右(80%) 分隔,分別執行檔案 SchlMid_1.jsp、
　　　　　SchlMid_2.jsp。

列 11　　　下區塊執行檔案 05SchlBtm.jsp。

(2) 設計檔案 02SchlTop.jsp (依 01SchlPage.jsp 安排,執行於網頁上端區塊)

```
01  <%@ page contentType="text/html;charset=big5" %>
02  <html>
03  <head><title>SchlTop</title></head>
04  <body>
05  <h2 align= "center">補習班雲端網站</h2>
06  </body>
07  </html>
```

列 05　　　印出網頁標題。

(3) 設計檔案 03SchlMid_1.jsp (依 01SchlPage.jsp 安排,於中左端區塊控制
執行項目,執行顯示於中右端區塊)

```
01  <%@ page contentType="text/html;charset=big5" %>
02  <html>
03  <head><title>SchlMid_1</title></head>
04  <body>
05  <A HREF= "06ClassList.jsp" TARGET= "SchlMid_2">課程索引</A><p>
06  <A HREF= "07SchlReg.html" TARGET= "SchlMid_2">註冊入學</A><p>
07  <A HREF= "09StdCard.html" TARGET= "SchlMid_2">學生課証</A><p>
08  <A HREF= "11ClsRoll.html" TARGET= "SchlMid_2">課堂名冊</A><p>
09  <A HREF= "13StdScore.html" TARGET= "SchlMid_2">學生成績</A><p>
10  <A HREF= "15SchlAmount.html" TARGET= "SchlMid_2">日營業額</A>
11  </body>
12  </html>
```

列 05~10 於中左端控制執行項目,執行顯示於中右端區塊。

(4) 設計檔案 04SchlMid_2.jsp (依 SchlPage.jsp 安排,於中左區塊印出訊息)

```
01  <%@ page contentType="text/html;charset=big5" %>
```

```
02 <html>
03 <head><title>SchlMid_2</title></head>
04 <body>
05 <h2 align= "left">本班規則：</h2>
06 <align= "left"><p></p>
07 1、每單數月之第一周開班上課，每班課期兩個月。<br>
08 2、開課前應一次繳清費用。<br>
09 3、舊生、或選讀兩班以上者，費用八折優待。<br>
10 4、依學生卡指定時間、指定教室上課。<br>
11 5、每月測驗一次，可於本網頁查詢成績。<br>
12 6、本班免費提供課本講義；另提供咖啡、茶、水等飲料。
13 </body>
14 </html>
```

列 07~12 印出規則訊息。

(5) 設計檔案 05SchlBtm.jsp (依 01SchlPage.jsp 安排，於下端區塊設定返回首頁機制)

```
01 <%@ page contentType="text/html;charset=big5" %>
02 <html>
03 <head><title>SchlBtm</title></head>
04 <body>
05 <a href= "01SchoolPage.jsp" target= "_top">回首頁</a>
06 </body>
07 </html>
```

列 05　　於下端區塊設定返回首頁機制。

(6) 執行項(1)~(5)檔案：(如範例 02)

(a) 為了連貫有序執行，將本例光碟 C:\BookCldApp\Program\ch14 內 16 個檔案複製至目錄：C:\Program Files\Java\Tomcat 7.0\webapps\examples

(b) 重新啟動 Tomcat。

(c) 使用者開啟瀏覽器，使用網址：

http://163.15.40.242:8080/examples/01SchlPage.jsp，其中 163.15.40.242 為網站主機之 IP，8080 為 port。(注意：讀者實作時應將 IP 改成自己雲端網站之 IP)

14-4 課程索引

依補習班開課規劃，本章設定資料表 ClassList，由雲端網站管理員輸入所有課程內容，學生註冊選課時，各部門行政作業時，課程索引將可提供開課全貌，以利選課或作業，只要讀出 ClassList 之內容，即可得知開課資料。

> **範例 78**：設計檔案 06ClassList.jsp，使用資料庫 School.accdb，印出課程索引。

(1) 設計檔案 06ClassList.jsp (整齊印出課程索引，編輯於 C:\BookCldApp\ Program\ch14)

```
01 <%@ page contentType="text/html;charset=big5" %>
02 <%@ page import=" java.sql.*" %>
03 <%@ page import=" java.io.*" %>
04 <html>
05 <head><title>ClassList</title></head><body>
06 <p align="left">
07 <font size="5"><b>本班課程清單</b></font>
```

```
08  </p>
09  <%

//連接資料庫
10  String JDriver = "sun.jdbc.odbc.JdbcOdbcDriver";
11  String connectDB="jdbc:odbc:School";
12  Class.forName(JDriver);
13  Connection con = DriverManager.getConnection(connectDB);
14  Statement stmt = con.createStatement();

15  request.setCharacterEncoding("big5");

//讀取資料表 ClassList 內容，並表格印出
17  String sql="SELECT * FROM ClassList" ;
18  if (stmt.execute(sql))    {
19    ResultSet rs = stmt.getResultSet();
20    %><TABLE BORDER= "1">
21    <TR><TD>課程編號</TD><TD>課程名稱</TD>
            <TD>教室編號</TD><TD>上課時間</TD>
            <TD>課程費用</TD><TD>授課教師</TD> </TR><%
22    while (rs.next()) {
        String idexStr= rs.getString("課程編號");
        String nameStr= rs.getString("課程名稱");
        String roomStr= rs.getString("教室編號");
        String timeStr= rs.getString("上課時間");
        int priceInt= rs.getInt("課程費用");
        String tcherStr= rs.getString("授課教師");

        out.print("<TR>");
        out.print("<TD>");  out.print(idexStr);  out.print("</TD>");
        out.print("<TD>");  out.print(nameStr);  out.print("</TD>");
        out.print("<TD>");  out.print(roomStr);  out.print("</TD>");
        out.print("<TD>");  out.print(timeStr);  out.print("</TD>");
        out.print("<TD>");  out.print(priceInt);  out.print("</TD>");
        out.print("<TD>");  out.print(tcherStr);  out.print("</TD>");
        out.print("</TR>");
30    }
31    out.print("</TABLE><P></P>");
32  }

//關閉資料庫
33  stmt.close();
34  con.close();
```

```
35 %>
36 </body>
37 </html>
```

列 10~14 連接資料庫，建立操作機制。

列 17~32 設定 Sql 指令，讀取資料表 ClassList 內容，整齊印出課程索引。

列 33~34 關閉資料庫。

(2) 執行本例項(1)檔案：(如範例 02)

(a) 為了連貫有序執行，檢視已將本例光碟 C:\BookCldApp\Program\ch14 內 16 個檔案複製至目錄：C:\Program Files\Java\Tomcat 7.0\webapps\ examples

(b) 重新啟動 Tomcat。

(c) 使用者開啟瀏覽器，使用網址：

http://163.15.40.242:8080/examples/01SchlPage.jsp，其中 163.15.40.242 為網站 主機之 IP，8080 為 port。(注意：讀者實作時應將 IP 改成自己雲端網站 之 IP)

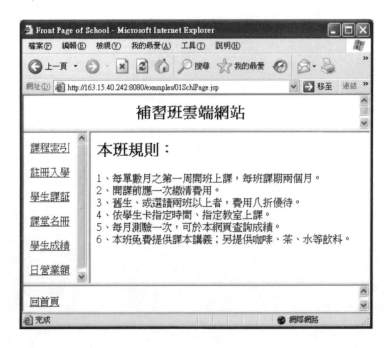

(d) 按 課程索引。(將印出開班課程資料)

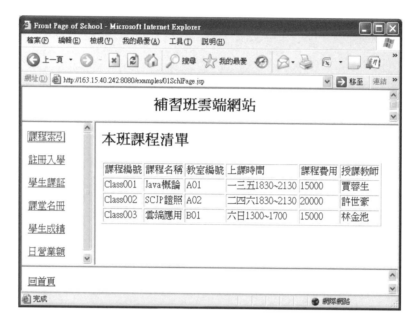

14-5 註冊入學

當學生來到補習班選課入學，應填寫基本資料，用以建立個人檔案。為了方便連繫，應包括家長姓名、地址、與電話；為了要了解上課與繳費情況，應包括課程、與繳費。

範例 79：設計檔案 07SchlReg.html、08SchlReg.jsp 使用資料庫 School.accdb，執行註冊入學。

---

(1) 設計檔案 **07SchlReg.html**(建立資料表，等待輸入學生註冊資料，驅動執行 08SchlReg.jsp，編輯於 C:\BookCldApp\Program\ch14)

```
01 <HTML>
02 <HEAD>
03 <TITLE>School</TITLE>
04 </HEAD>
```

```
05 <BODY>
06 <FORM METHOD="post" ACTION="08SchlReg.jsp">
07 <p align="left">
08 <font size="5"><b>學生入學註冊</b></font>
09 </p>
10 <p> </p>
11 <p align="left">
12 日期: <INPUT TYPE="text" NAME="timeday" SIZE="10">
                (YYYYMMDD 如 20110715)<br>
13 証號: <INPUT TYPE="text" NAME="ID" SIZE="20"><br>
14 姓名: <INPUT TYPE="text" NAME="name" SIZE="10"><br>
15 家長: <INPUT TYPE="text" NAME="Pname" SIZE="10"><br>
16 地址: <INPUT TYPE="text" NAME="addr" SIZE="40"><br>
17 電話: <INPUT TYPE="text" NAME="tel" SIZE="20"><br>
18 課程: <INPUT TYPE="text" NAME="class" SIZE="10"><br>
19 繳費: <INPUT TYPE="text" NAME="price" SIZE="10"><br>
20 </p>
21 <p>
22 <INPUT TYPE="submit" VALUE="遞送">
23 <INPUT TYPE="reset" VALUE="取消">
24 </FORM>
25 </BODY>
26 </HTML>
```

列 06　　驅動執行 08SchlReg.jsp。

列 12~19 建立資料表，等待輸入學生註冊資料。

(2) 設計檔案 08SchlReg.jsp (將基本資料寫入資料表 StudentFile；將本次學生繳費加入資料表 Amount)

```
01 <%@ page contentType= "text/html;charset=big5" %>
02 <%@ page import= "java.sql.*, java.util.Date" %>
03 <html>
04 <head><title>School</title></head><body>
05 <p align="left">
06 <font size="4"><b>學生輸入基本資料</b></font></p><p>
07 <%

//連接資料庫
08  String JDriver = "sun.jdbc.odbc.JdbcOdbcDriver";
09  String connectDB="jdbc:odbc:School";
10  Class.forName(JDriver);
11  Connection con = DriverManager.getConnection(connectDB);
```

```
12   Statement stmt = con.createStatement();
```

//宣告變數
```
13   request.setCharacterEncoding("big5");
14   String timeDay= request.getParameter("timeday");
15   String idStr= request.getParameter("ID");
16   String nameStr= request.getParameter("name");
17   String PnameStr= request.getParameter("Pname");
18   String addrStr= request.getParameter("addr");
19   String telStr= request.getParameter("tel");
20   String classStr= request.getParameter("class");
21   String priceStr= request.getParameter("price");
22   int priceInt= Integer.parseInt(priceStr);
23   int amountInt= 0;
```

//將基本資料寫入資料表 StudentFile
```
24   String sql1= "INSERT INTO StudentFile " +
              " (証號，姓名，家長，地址，電話，課程，繳費) " +
              " VALUES('" +  idStr + "','" +  nameStr + "','" +
                PnameStr + "','" + addrStr + "','" + telStr + "','" +
                classStr + "'," + priceInt + ")";
25   stmt.executeUpdate(sql1);
```

//將資料加入課堂名冊
```
26   int qz1=0, qz2=0;
27   String sql2= "INSERT INTO " + classStr +
              " (証號，姓名，成績1，成績2) " +
              "VALUES('" + idStr + "','" + nameStr + "'," +
                qz1 + "," + qz2 + ")";
28   stmt.executeUpdate(sql2);
```

//讀取資料表 Amount 原有營業額
```
29   String sql3= "SELECT *  FROM Amount WHERE 日期='" +
              timeDay  + "';";
30   if(stmt.execute(sql3)) {
31     ResultSet rs3= stmt.getResultSet();
32     while (rs3.next()) {
        amountInt= rs3.getInt("營業額");
33     }
34   }
```

//將本次學生繳費加入資料表 Amount
```
35   amountInt= amountInt + priceInt;
```

```
36    String sql4= "UPDATE Amount SET 營業額= " +
              amountInt + " WHERE 日期= '" + timeDay + "';";
37    stmt.executeUpdate(sql4);

//驅動執行 09StdCard.html
38    out.print("<p>註冊資料已順利輸入資料庫</p>");
39    out.print("<A HREF=");
40    out.print("'09StdCard.html'");
41    out.print(">領取學生上課証</A></p><p>");

//關閉資料庫
42    stmt.close();
43    con.close();
44  %>
45  </body>
46  </html>
```

列 08~12 連接資料庫，建立操作機制。

列 13~23 宣告變數。

列 14~21 讀取前網頁資料表輸入之學生基本資料。

列 22　　將繳費值字串轉換成可計算值。

列 23　　設定計算初值為 0。

列 24~25 將基本資料寫入資料表 StudentFile。

列 26~28 將資料加入課堂名冊。

列 29~34 讀取資料表 Amount 原有營業額。

列 35~37 將本次學生繳費加入資料表 Amount。

列 38~41 驅動執行 09StdCard.html。

列 42~43 關閉資料庫。

(3) 檢視資料庫 School.accdb： (如 14-2 節)

　　注意：每日營業前，由管理員務必於資料表 Amount 之欄位 "日期" 輸入當
　　　　　天日期；於 "營業額" 輸入 0。

(4) 執行本例項(1)~(2)檔案： (如範例 02)

　　(a) 為了連貫有序執行，檢視已將本例光碟 C:\BookCldApp\Program\ch14

內 16 個檔案複製至目錄：C:\Program Files\Java\Tomcat 7.0\webapps\
examples

(b) 重新啟動 Tomcat。

(c) 使用者開啟瀏覽器，使用網址：

http://163.15.40.242:8080/examples/01SchlPage.jsp，其中 163.15.40.242 為網站
主機之 IP，8080 為 port。(注意：讀者實作時應將 IP 改成自己雲端網站
之 IP)

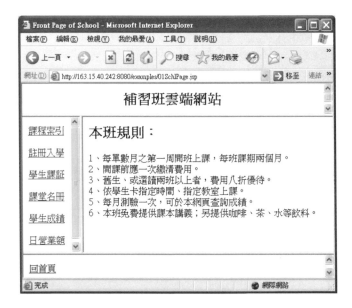

(d) 按 **註冊入學** ＼ 輸入學生基本資料 ＼ 按 **遞送**。

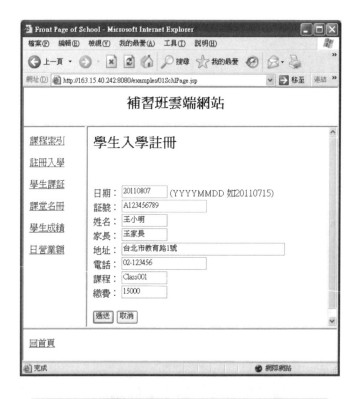

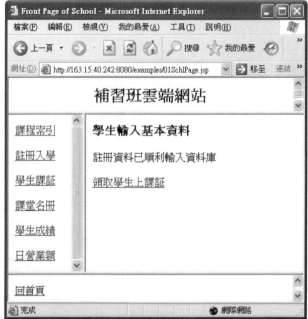

(e) 檢視資料表 StudentFile。(已輸入學生基本資料)

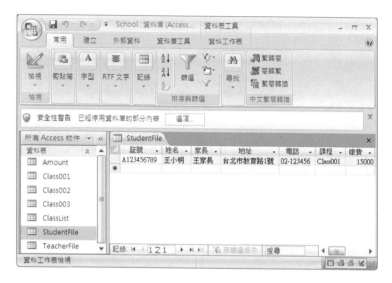

(f) 檢視資料表 Amount。(已將本次學生繳費加入營業額)

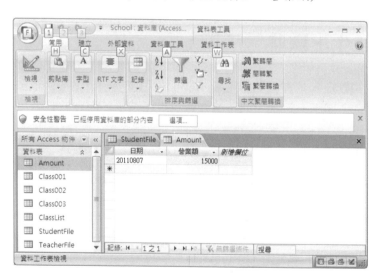

(g) 檢視資料表 Class001。(已將本次註冊學生加入課堂名冊)

14-6 學生上課証

　　當學生註冊基本資料填寫完畢,即可按 "領取學生上課証" 或按網頁左端 "學生課証",印出上課証,同時檢查資料是否正確,因有繳費金額,亦可視為繳費收據。

> **範例 80**:設計檔案 09StdCard.html 、10StdCard.jsp,使用資料庫 School.accdb,執行領取學生上課証。

(1) 設計檔案 09StdCard.html (建立表單,等待輸入學生証號,驅動執行 10StdCard.jsp,編輯於 C:\BookCldApp\Program\ch14)

```
01 <HTML>
02 <HEAD>
03 <TITLE>RegList</TITLE>
04 </HEAD>
05 <BODY>
```

```
06 <FORM METHOD="post" ACTION="10StdCard.jsp">
07 <p align="left">
08 <font size="5"><b>輸入註冊証號</b></font>
09 </p>
10 <p>  </p>
11 <p align="left">
12 証號: <INPUT TYPE="text" NAME="ID" SIZE="20"><br>
13 </p>
14 <p>
15 <INPUT TYPE="submit" VALUE="遞送">
16 <INPUT TYPE="reset" VALUE="取消">
17 </FORM>
18 </BODY>
19 </HTML>
```

列 06　　　驅動執行 RegList.jsp。

列 12　　　建立表單，等待輸入學生証號。

(2) 設計檔案 10StdCard.jsp (讀取資料表 StudentFile 內容，摘取適當欄位整齊印出該名學生之註冊清單)

```
01 <%@ page contentType="text/html;charset=big5" %>
02 <%@ page import= "java.sql.*" %>
03 <%@ page import= "java.io.*" %>
04 <html>
05 <head><title>RegList</title></head><body>
06 <p align="left">
07 <font size="5"><b>學生上課証</b></font>
08 </p>
09 <%

//連接資料庫
10  String JDriver = "sun.jdbc.odbc.JdbcOdbcDriver";
11  String connectDB="jdbc:odbc:School";
12  Class.forName(JDriver);
13  Connection con = DriverManager.getConnection(connectDB);
14  Statement stmt = con.createStatement();

//宣告變數
15  request.setCharacterEncoding("big5");
16  String idStr= request.getParameter("ID");
17  String nameStr= "";
18  String classStr= "";
```

```
//讀取資料表 StudentFile，印出學生上課証
19   String sql1="SELECT * FROM StudentFile WHERE 証號= '" +
             idStr + "';" ;
20   if (stmt.execute(sql1))    {
21     ResultSet rs1 = stmt.getResultSet();
22     %><TABLE BORDER= "1">
23     <TR><TD>証號</TD><TD>姓名</TD>
             <TD>課程</TD> <TD>繳費</TD>
24     </TR><%

25     while (rs1.next()) {
         nameStr= rs1.getString("姓名");
         classStr= rs1.getString("課程");
         int priceInt= rs1.getInt("繳費");
         out.print("<TR>");
         out.print("<TD>");    out.print(idStr);    out.print("</TD>");
         out.print("<TD>");   out.print(nameStr);   out.print("</TD>");
         out.print("<TD>");  out.print(classStr);  out.print("</TD>");
         out.print("<TD>");  out.print(priceInt);  out.print("</TD>");
         out.print("</TR>");
26     }
27     out.print("</TABLE><P></P>");
28   }

//關閉資料庫
29   stmt.close();
30   con.close();
31 %>
32 </body>
33 </html>
```

列 10~14 連接資料庫，建立操作機制。

列 15~18 宣告變數。

列 16　　 讀取前網頁輸入之學生証號。

列 19~28 設定 SQL 指令，讀取資料表 StudentFile 內容，摘取需要欄位整齊
　　　　 印出該名學生之學生証。

列 29~30 關閉資料庫。

(3) 檢視資料庫 School.accdb：(如 14-2 節)

　　注意：每日營業前，由管理員務必於資料表 Amount 之欄位 "日期" 輸入當天日期；於 "營業額" 輸入 0。

(4) 執行本例項(1)~(2)檔案：(如範例 02)

　　(a) 為了連貫有序執行，檢視已將本例光碟 C:\BookCldApp\Program\ch14 內 16 個檔案複製至目錄：C:\Program Files\Java\Tomcat 7.0\webapps\examples

　　(b) 重新啟動 Tomcat。

　　(c) 使用者開啟瀏覽器，使用網址：

　　　　http://163.15.40.242:8080/examples/01SchlPage.jsp，其中 163.15.40.242 為網站主機之 IP，8080 為 port。(注意：讀者實作時應將 IP 改成自己雲端網站之 IP)

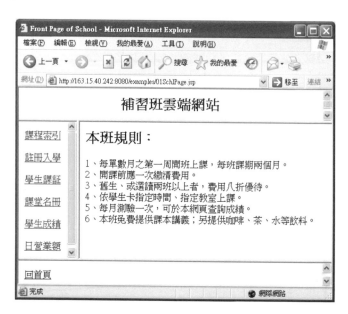

(d) 按 **學生課証**，或延續前例 按 **領取學生上課証** \ 輸入學生証號 \ 按 **遞送**。
　　(印出學生上課証)

14-7 課堂名冊

於前節(14-6節)、我們已將上課學生資料填入特定課程資料表 Classxxx，本節我們只要讀取其中內容，即可製成該課程之課堂名冊。

範例 81：設計檔案 11ClsRoll.html、12ClsRoll.jsp，使用資料庫 School.accdb，執行印製課堂名冊。

---

(1) 設計檔案 11ClsRoll.html (建立表單，等待輸入課程編號；驅動執行 12ClsRoll.jsp，編輯於 C:\BookCldApp\Program\ch14)

```
01 <HTML>
02 <HEAD>
03 <TITLE>StdList</TITLE>
04 </HEAD>
05 <BODY>
06 <FORM METHOD="post" ACTION="12ClsRoll.jsp">
07 <p align="left">
08 <font size="5"><b>輸入課程編號</b></font>
09 </p>
10 <p> </p>
11 <p align="left">
12 課程編號: <INPUT TYPE="text" NAME="class" SIZE="10"><br>
13 </p>
14 <p>
15 <INPUT TYPE="submit" VALUE="遞送">
16 <INPUT TYPE="reset" VALUE="取消">
17 </FORM>
18 </BODY>
19 </HTML>
```

列 06   驅動執行 12ClsRoll.jsp。

列 12   建立表單，等待輸入課程編號。

(2) 設計檔案 12ClsRoll.jsp (讀取該班資料表 Classxxx 內容，製成該班課堂名冊)

```
01 <%@ page contentType="text/html;charset=big5" %>
02 <%@ page import= "java.sql.*" %>
03 <%@ page import= "java.io.*" %>
```

```
04 <html>
05 <head><title>StdList</title></head><body>
06 <p align="left">
07 <font size="5"><b>課堂名冊</b></font>
08 </p>
09 <%
```

//連接資料庫
```
10   String JDriver = "sun.jdbc.odbc.JdbcOdbcDriver";
11   String connectDB="jdbc:odbc:School";
12   Class.forName(JDriver);
13   Connection con = DriverManager.getConnection(connectDB);
14   Statement stmt = con.createStatement();
```

//讀取前頁表單輸入之課程編號
```
15   request.setCharacterEncoding("big5");
16   String classStr= request.getParameter("class");
```

//讀取資料表 Classxxx，印製課堂名冊
```
17   String sql="SELECT * FROM " + classStr + ";" ;
18   if (stmt.execute(sql))   {
19     ResultSet rs = stmt.getResultSet();
20     %><TABLE BORDER= "1">
21     <TR><TD>証號</TD><TD>姓名</TD>
            <TD>成績 1</TD> <TD>成績 2</TD>
22     </TR><%
23     while (rs.next()) {
         String idStr= rs.getString("証號");
         String nameStr= rs.getString("姓名");
         int qz1= rs.getInt("成績 1");
         int qz2= rs.getInt("成績 2");
         out.print("<TR>");
         out.print("<TD>");  out.print(idStr);  out.print("</TD>");
         out.print("<TD>");  out.print(nameStr);  out.print("</TD>");
         out.print("<TD>");  out.print(qz1);  out.print("</TD>");
         out.print("<TD>");  out.print(qz2);  out.print("</TD>");
         out.print("</TR>");
24     }
25     out.print("</TABLE><P></P>");
26   }
```

//關閉資料庫
```
27   stmt.close();
```

```
28  con.close();
29  %>
30  </body>
31  </html>
```

列 10~14 連接資料庫，建立操作機制。

列 15~16 讀取前網頁表單輸入之課程編號。

列 17~26 設定 Sql 指令，讀取該班資料表 Classxxx 內容，製成該班課堂名冊。

列 27~28 關閉資料庫。

(3) 檢視資料庫 School.accdb：(如 14-2 節)

　　注意：每日營業前，由管理員務必於資料表 Amount 之欄位 "日期" 輸入當
　　　　　天日期；於 "營業額" 輸入 0。

(4) 執行本例項(1)~(2)檔案：(如範例 02)

　　(a) 為了連貫有序執行，檢視已將本例光碟 C:\BookCldApp\Program\ch14
　　　　內 16 個檔案複製至目錄：C:\Program Files\Java\Tomcat 7.0\webapps\
　　　　examples

　　(b) 重新啟動 Tomcat。

　　(c) 使用者開啟瀏覽器，使用網址：

　　　　http://163.15.40.242:8080/examples/01SchlPage.jsp，其中 163.15.40.242 為網站
　　　　主機之 IP，8080 為 port。(注意：讀者實作時應將 IP 改成自己雲端網站
　　　　之 IP)

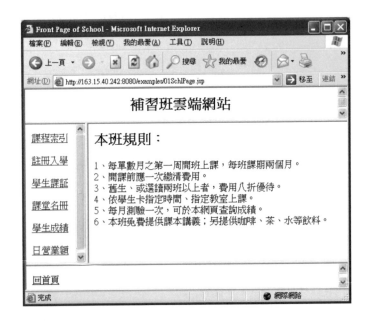

(d) 按 課堂名冊 \ 輸入課程編號 \ 按 遞送。(印出課堂名冊)

(e) 讀者可嘗試於前節多註冊幾個學生，觀察堂課名冊。

14-8 學生成績

於資料庫中，每班課程資料表 Classxxx 有全班學生名冊，並有欄位 "成績 1"、"成績 2" 用以填寫學生成績。每次測驗完畢，雲端網站管理員直接開啟網站資料表，寫入學生個人成績(如圖)，再從資料表 StdFile 讀取欄位 "家長"、"地址" 之內容，即可完整建立一封可郵寄之學生個人成績單。

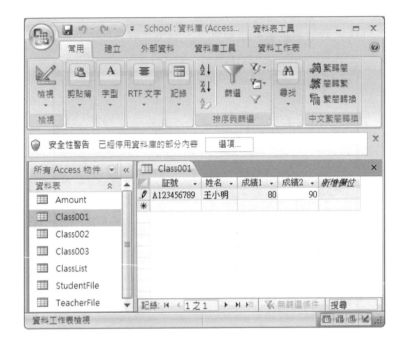

範例 82：設計檔案 13StdScore.html、14StdScore.jsp，使用資料庫 School.accdb，執行印製學生個人成績單。

(1) 設計檔案 **13StdScore.html** (建立表單，等待輸入課程編號、學生証號；
驅動執行 14StdScore.jsp，編輯於 C:\BookCldApp\Program\ch14)

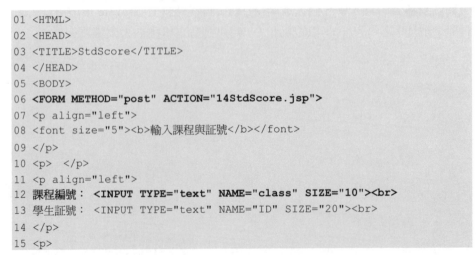

```
01 <HTML>
02 <HEAD>
03 <TITLE>StdScore</TITLE>
04 </HEAD>
05 <BODY>
06 <FORM METHOD="post" ACTION="14StdScore.jsp">
07 <p align="left">
08 <font size="5"><b>輸入課程與証號</b></font>
09 </p>
10 <p> </p>
11 <p align="left">
12 課程編號: <INPUT TYPE="text" NAME="class" SIZE="10"><br>
13 學生証號: <INPUT TYPE="text" NAME="ID" SIZE="20"><br>
14 </p>
15 <p>
```

```
16  <INPUT TYPE="submit" VALUE="遞送">
17  <INPUT TYPE="reset" VALUE="取消">
18  </FORM>
19  </BODY>
20  </HTML>
```

列 06   驅動執行 StdScore.jsp。

列 12~13 建立表單，等待輸入課程編號、學生証號。

(2) 設計檔案 14StdScore.jsp (整齊印出學生個人成績單)

```
01  <%@ page contentType="text/html;charset=big5" %>
02  <%@ page import= "java.sql.*" %>
03  <%@ page import= "java.io.*" %>
04  <html>
05  <head><title>StdScore</title></head><body>
06  <p align="left">
07  <font size="5"><b>學生個人成績</b></font>
08  </p>
09  <%

//連接資料庫
10   String JDriver = "sun.jdbc.odbc.JdbcOdbcDriver";
11   String connectDB="jdbc:odbc:School";
12   Class.forName(JDriver);
13   Connection con = DriverManager.getConnection(connectDB);
14   Statement stmt = con.createStatement();

//宣告變數
15   request.setCharacterEncoding("big5");
16   String classStr= request.getParameter("class");
17   String idStr= request.getParameter("ID");
18   String nameStr= "";
19   String PnameStr= "";
20   String addrStr= "";
21   int qz1=0, qz2=0;

//設定 Sql 指令，讀取資料表 Classxxx 之內容資料
22   String sql1="SELECT * FROM " + classStr + " WHERE 証號= '" +
             idStr + "';" ;
23   if (stmt.execute(sql1))   {
24     ResultSet rs1 = stmt.getResultSet();
25     while (rs1.next()) {
```

```
            nameStr= rs1.getString("姓名");
            qz1= rs1.getInt("成績1");
            qz2= rs1.getInt("成績2");
26      }
27   }
```

//設定 Sql 指令，讀取資料表 StdFile 之內容資料
```
28   String sql2= "SELECT * FROM StudentFile WHERE 証號= '" +
                  idStr + "'AND 課程= '" + classStr + "';";
29   if (stmt.execute(sql2))    {
30     ResultSet rs2 = stmt.getResultSet();
31     while (rs2.next()) {
         PnameStr= rs2.getString("家長");
         addrStr= rs2.getString("地址");
32     }
33   }
```

//將從上述兩個資料表讀取之資料，整齊印出學生個人成績單
```
34   if (PnameStr != ""){
35     %><TABLE BORDER= "1">
36     <TR><TD>証號</TD><TD>姓名</TD><TD>家長</TD>
             <TD>地址</TD><TD>成績1</TD> <TD>成績2</TD>
37     </TR><%
       out.print("<TR>");
       out.print("<TD>");  out.print(idStr);  out.print("</TD>");
         out.print("<TD>");  out.print(nameStr);  out.print("</TD>");
         out.print("<TD>");  out.print(PnameStr);  out.print("</TD>");
         out.print("<TD>");  out.print(addrStr);  out.print("</TD>");
         out.print("<TD>");  out.print(qz1);  out.print("</TD>");
         out.print("<TD>");  out.print(qz2);  out.print("</TD>");
         out.print("</TR>");
         out.print("</TABLE><P></P>");
38   }
39   else
40     out.print("班級課程輸入錯誤，請重新查詢");
```

//關閉資料庫
```
41   stmt.close();
42   con.close();
43   %>
44   </body>
45   </html>
```

列 10~14 連接資料庫，建立操作機制。

列 15~21 變數宣告。

列 16~17 讀取前網頁表單輸入之課程編號、學生証號。

列 22~27 設定 Sql 指令，讀取資料表 Classxxx 之內容資料。

列 28~33 設定 Sql 指令，讀取資料表 StdFile 之內容資料。

列 34~38 將從兩個資料表讀取之資料，整齊印出學生個人成績單。

列 41~42 關閉資料庫。

(3) 檢視資料庫 School.accdb：(如 14-2 節)

　　注意：每日營業前，由管理員務必於資料表 Amount 之欄位 "日期" 輸入當天日期；於 "營業額" 輸入 0。

(4) 執行本例項(1)~(2)檔案：(如範例 02)

　　(a) 為了連貫有序執行，檢視已將本例光碟 C:\BookCldApp\Program\ch14 內 16 個檔案複製至目錄：C:\Program Files\Java\Tomcat 7.0\webapps\examples

　　(b) 重新啟動 Tomcat。

　　(c) 使用者開啟瀏覽器，使用網址：

　　　　http://163.15.40.242:8080/examples/01SchlPage.jsp，其中 163.15.40.242 為網站主機之 IP，8080 為 port。(注意：讀者實作時應將 IP 改成自己雲端網站之 IP)

(d) 按 學生成績 \ 輸入課程編號與學生証號 \ 按 遞送。

(f) 印出學生個人成績單,因有家長姓名與地址,故亦可做成信函郵寄。

14-9 日營業額

與其他行業相同,補習班是否能賺錢,是經營者最關心之重點。本節將完成本章範例最後一部分 "統計日營業額"。

範例 83:設計檔案 15SchlAmount.html、16SchlAmount.jsp,使用資料庫 School.accdb,**執行統計日營業額**。(本例為完整補習班雲端網站系統設計)

---

(1) 設計檔案 15SchlAmount.html (建立表單,等待輸入查詢日期;驅動執行 16SchlAmount.jsp,編輯於 C:\BookCldApp\Program\ch14)

```
01 <HTML>
02 <HEAD>
03 <TITLE>DayAmount</TITLE>
04 </HEAD>
```

```
05 <BODY>
06 <FORM METHOD="post" ACTION="16SchlAmount.jsp">
07 <p align="left">
08 <font size="5"><b>輸入查詢日期</b></font>
09 </p>
10 <p>  </p>
11 <p align="left">
12 查詢日期： <INPUT TYPE="text" NAME="timeday" SIZE="10">
              (YYYYMMDD 如 20110715)<br>
13 </p>
14 <p>
15 <INPUT TYPE="submit" VALUE="遞送">
16 <INPUT TYPE="reset" VALUE="取消">
17 </FORM>
18 </BODY>
19 </HTML>
```

列 06   驅動執行 16SchlAmount.jsp。

列 12   建立表單，等待輸入查詢日期。

(2) 設計檔案 16SchlAmount.jsp (整齊印出日營業額)

```
01 <%@ page contentType="text/html;charset=big5" %>
02 <%@ page import= "java.sql.*, java.util.Date" %>
03 <html>
04 <head><title>DayAmount</title></head><body>
05 <%

//連接資料庫
06  String JDriver = "sun.jdbc.odbc.JdbcOdbcDriver";
07  String connectDB="jdbc:odbc:School";
08  Class.forName(JDriver);
09  Connection con = DriverManager.getConnection(connectDB);
10  Statement stmt = con.createStatement();

//讀取前頁表單輸入之日期
11  request.setCharacterEncoding("big5");
12  String timeDay= request.getParameter("timeday");

//設定 Sql 指令，整齊印出日營業額
13  String sql= "SELECT * FROM Amount WHERE 日期= '" +
              timeDay + "';";
```

```
14  %><font size="3"><b>日營業額</b></font></p><p><%

15  if (stmt.execute(sql))   {
16    ResultSet rs = stmt.getResultSet();
17    %><TABLE BORDER= "1">
18    <TR><TD>日期</TD><TD>營業額</TD> </TR><%
19    while (rs.next()) {
        int amountInt= rs.getInt("營業額");
        out.print("<TR>");
        out.print("<TD>");   out.print(timeDay);   out.print("</TD>");
        out.print("<TD>");  out.print(amountInt);  out.print("</TD>");
        out.print("</TR>");
20    }
21    out.print("</TABLE><P></P>");
22  }

//關閉資料庫
23    stmt.close();
24    con.close();
25  %>
26  </body>
27  </html>
```

列 06~10 連接資料庫。

列 12　　　讀取前網頁表單輸入之查詢日期。

列 13~22 設定 Sql 指令，整齊印出日營業額。

列 23~24 關閉資料庫。

(3) 檢視資料庫 School.accdb：(如 14-2 節)

　　注意：每日營業前，由管理員務必於資料表 Amount 之欄位 "日期" 輸入當
　　　　　天日期；於 "營業額" 輸入 0。

(4) 執行本例項(1)~(2)檔案：(如範例 02)

　　(a) 為了連貫有序執行，檢視已將本例光碟 C:\BookCldApp\Program\ch14
　　　　內 16 個檔案複製至目錄：C:\Program Files\Java\Tomcat 7.0\webapps\
　　　　examples

　　(b) 重新啟動 Tomcat。

　　(c) 使用者開啟瀏覽器，使用網址：

http://163.15.40.242:8080/examples/01SchlPage.jsp，其中 163.15.40.242 為網站主機之 IP，8080 為 port。(注意：讀者實作時應將 IP 改成自己雲端網站之 IP)

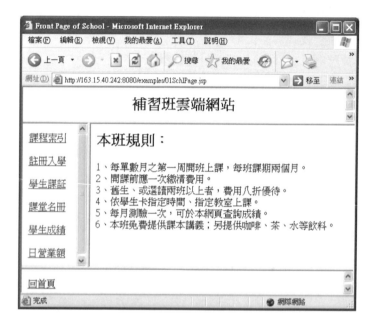

(d) 按 **日營業額** \ 輸入查詢日期 \ 按 **遞送**。(印出日營業額)

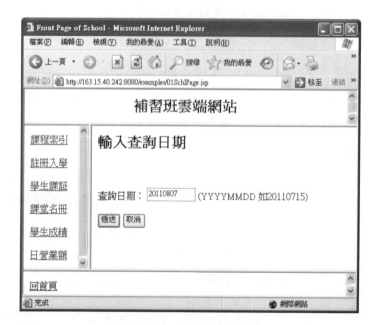

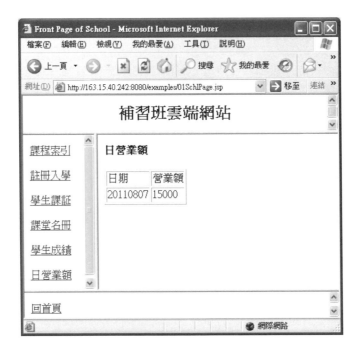

14-10 習題(Exercises)

1、補習班猶如一間小型學校,在雲端網站設計上應考量那些項目問題?

2、本章範例印製學生成績時,為何要加入家長姓名與地址?

3、本章範例僅實作一位學生註冊,試請嘗試多個學生註冊與各項操作流程。

4、嘗試為您家附近補習班,設計實用雲端網頁。

附錄 A

▶ **中英文名詞索引**

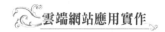
A-1 中文名詞索引

A-2 英文名詞索引

B

附錄

▷ 參考資料

[01] "雲端運算網路程式入門", 賈蓉生, 2011, 博碩.

[02] "Host Your Web Site in the Cloud", Jeff Barr, 2010, Amazon Web Services.

[03] "A Brief Guide to Cloud Computing", Chrixtopher Barnatt, 2010, Robinson Publishing

[04] "Implementing and Developing Cloud Computing Applications", David E. Y. Sarna, 2010, Auerbach Publication.

[05] "A Quick Start Guide to Cloud Computomg", Williams.Mark, 2010, Kogan Page Ltd.

[06] "Java/JSP 經典案例解析", 賈蓉生, 2010, 松崗.

[07] "Database System Concepts", Silberschatz Abraham , 2010, McGraw-Hill.

[08] "Cloud Appliction Architectures", George Reese, 2009, O'Reilly Media. Inc.

[09] "Cloud Security and Privay", Tim Mather, 2009, O'Reilly Media, Inc

[10] "Cloud Computing, A Practical Approach", Robert C. Elsenpeter, 2009, McGraw Hill Osborne Media.

[11] "Cloud Computing Explained: Implementation Handbook for Enterprises", John Rhoton, 2009, Recursive Press.

note

DrMaster

深度學習資訊新領域

http://www.drmaster.com.tw

博碩文化

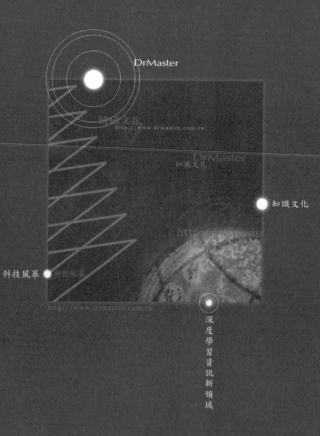

DrMaster

http://www.drmaster.com.tw

知識文化

知識文化

科技風華　科技風華

http://www.drmaster.com.tw

深度學習資訊新領域